冲击回波法检测混凝土缺陷与智能速判技术研究

主　编　张景奎　崔德密　罗居刚
副主编　严卫中　张今阳　曹彭强
参　编　（排名不分先后）
杨　智　邰洪生　孙飞龙　孔楠楠
黄从斌　刘长顺　许军才

北京工业大学出版社

图书在版编目（CIP）数据

冲击回波法检测混凝土缺陷与智能速判技术研究 / 张景奎，崔德密，罗居刚主编. — 北京 : 北京工业大学出版社，2021.4

ISBN 978-7-5639-7905-9

Ⅰ. ①冲… Ⅱ. ①张… ②崔… ③罗… Ⅲ. ①混凝土质量一质量检查 Ⅳ. ① TU755.7

中国版本图书馆 CIP 数据核字（2021）第 081791 号

冲击回波法检测混凝土缺陷与智能速判技术研究

CHONGJI HUIBOFA JIANCE HUNNINGTU QUEXIAN YU ZHINENG SUPAN JISHU YANJIU

主　　编：张景奎　崔德密　罗居刚
责任编辑：刘　蕊
封面设计：知更壹点
出版发行：北京工业大学出版社
（北京市朝阳区平乐园 100 号　邮编：100124）
010-67391722（传真）　bgdcbs@sina.com
经销单位：全国各地新华书店
承印单位：天津和萱印刷有限公司
开　　本：710 毫米 ×1000 毫米　1/16
印　　张：6.5
字　　数：130 千字
版　　次：2022 年 1月第 1 版
印　　次：2022 年 1月第 1 次印刷
标准书号：ISBN 978-7-5639-7905-9
定　　价：45.00 元

作者简介

张景奎，男，生于1975年6月，安徽颍上县人，毕业于河海大学水工结构工程专业，博士后，现任职于安徽省（水利部淮河水利委员会）水利科学研究院。主要研究方向为水利与建筑工程检测与安全评价。申报和完成多项科研项目，申请国家发明专利4项，发表学术论文10余篇，其中SCI收录5篇。

崔德密，男，生于1960年3月，安徽灵璧县人，毕业于合肥工业大学水利水电工程专业，二级教高，长期从事水利科研与水利、建筑、交通工程质量检测和安全评估工作。1996年以来历任安徽省（水利部淮河水利委员会）水利科学研究院副院长、院长。为安徽省学术与技术带头人，安徽省杰出专业技术人才，享受国务院津贴，主持和参加完成科研项目多项。参与重点项目14项，重点课题研究16项，公开发表论文30余篇。曾获省水利科技进步一等奖、水利部淮委科技进步一等奖。

罗居刚，男，生于1976年4月，河南省新县人，毕业于武汉水利电力大学水利水电建筑工程专业，硕士，高级工程师，一级注册结构工程师和注册土木工程师（岩土），现任职于安徽省（水利部淮河水利委员会）水利科学研究院结构材料所。长期从事水利科研与水利、建筑、交通工程质量检测和安全评估工作，参加完成科研项目4项，公开发表论文10余篇。

前　言

混凝土缺陷无损检测是一个复杂的模式识别问题，主要依赖对测试信号的有效处理和识别。目前，对测试信号的解释还是依靠专业技术人员通过人工手段进行分析和判别。当测试数据量较大时，在有限的时间内，使用人工方法难以完成对测试信号的全面分析与判别工作，且分析结果受人为因素影响较大，从而导致质量评价的效率及可靠性难以保证。针对建设工程中混凝土缺陷检测与质量评价的复杂性和时效性，以及当前混凝土缺陷检测技术不足和相关模型试验研究较为匮乏的现状，为了实现对混凝土缺陷的定量识别与快速评价，进一步提高当前混凝土缺陷无损检测的精度和效率，本书在理论分析和数值模拟的基础上，结合实际工程中混凝土结构常见的质量缺陷特征，设计制作了一系列含有不同类型与性质缺陷及无缺陷的混凝土模型试件，由此深入开展了基于先进信号处理技术和人工智能技术的混凝土缺陷无损检测的模型试验研究。在研究过程中鉴于冲击回波测试信号非稳态的复杂特性，研究人员应用MATLAB程序平台将先进的数据融合技术用于检测信号的数据处理工作中，充分挖掘测试信号特征信息，用小波变换技术提取缺陷信号的特征值，并应用新近发展起来的具有学习速度快、泛化性能好以及在小样本模式分类方面具有突出优势的极限学习机（ELM）作为分类器，以更好地逼近测试信号特征参量与混凝土质量状态之间较为复杂的非线性映射关系，据此建立基于小波分析和极限学习机的混凝土缺陷智能化快速定量识别与评价系统模型。研究结果表明：该系统具有较好的分类识别性能，初步实现了对混凝土缺陷类型、性质和范围的智能化快速定量识别与评价，进一步提升了混凝土缺陷无损检测技术的创新与应用水平。

本书源于当前建设工程中的实际问题，整个研究过程既有基础性的理论和试验研究，又紧密结合工程实际，不但选题新颖，而且在研究内容和方法上具有一定创新性，具体体现在以下几个方面。

第一，在信号样本采集方面，根据实际工程中混凝土结构常见的质量缺陷特征，制作了一系列含有不同类型和性质缺陷以及无缺陷的混凝土模型试件，同时结合有限元建模，对复杂缺陷的冲击回波检测进行数值模拟，这不仅能为建立混凝土缺陷智能化定量识别与快速评价系统模型提供丰富而具有代表性的训练样本，而且通过将模型试验和数值模拟相结合，可深入研究冲击应力波在混凝土介质中传播的基本特性及影响因素，从而极大地提高了测试信号样本采集的有效性。

第二，在信号降噪处理方面，通过将小波变换方法应用于测试信号的降噪处理，克服了传统的快速傅里叶变换方法的不足；小波阈值降噪的关键是选定合适的小波基函数和阈值，本书采用具有较强时域和频域局部化能力的小波函数作为小波分解的基函数，同时采用以最大熵原理（MEP）选择小波系数阈值的方法，它可以利用随机噪声小波系数的概率分布特征选择最佳阈值，从而在尽可能消除噪声的情况下尽量小地影响真实信号，较之现有的固定阈值、软阈值等阈值降噪方法，具有更好的降噪效果。

第三，在信号特征提取方面，基于冲击回波信号可视化分析，应用具有较强时域和频域局部化能力的小波基对降噪后的冲击回波信号进行多分辨率小波分解，从而得到不同频段的分解系数，选择其中能够表征分类模式信息的基础分量，并分别从其小波系数、重构波形和重构波频谱这几个方面计算特征值。本书较之已有的相关研究文献，可以在多尺度分辨空间中提取更为全面而有效的缺陷信号的特征信息。

第四，在分类器设计方面，使用了新近发展起来的极限学习机作为分类模型，该机器学习方法与传统的人工神经网络、支持向量机等追求样本趋于无穷的分类算法相比，不仅结构简单，而且具有训练参数少、学习速度快和泛化性能好等优点，尤其在小样本模式分类方面具有突出的优势，因此特别适合本书中的分类建模问题。

全书共 6 章。其中安徽省（水利部淮河水利委员会）水利科学研究院张景奎担任第一主编，负责第 2 章 2.4、2.6 节，第 3 章，第 4 章，第 6 章内容编写，计 4 万字；安徽省（水利部淮河水利委员会）水利科学研究院崔德密担任第二主编，负责第 1 章 1.1、1.2 节，第 2 章 2.1、2.2 节内容编写，计 1.5 万字；安徽省（水利部淮河水利委员会）水利科学研究院罗居刚担任第三主编，负责第 1 章 1.3 节、第 2 章 2.3 节内容编写，计 1.5 万字；安徽省（水利部淮河水利委员会）水利科学研究院严卫中担任第一副主编，负责第 5 章 5.3 ~ 5.7 节内容编写，计 1.5 万字；安徽省（水利部淮河水利委员会）水利科学研究院张今阳担任第二副主编，负责第五章 5.1、5.2 节内容编写，计 1 万字；安徽省（水利部淮河水利委员会）水利科学研究院曹彭强担任第三副主编，负责第 1 章 1.4 节、第 2 章 2.5 节内容编写，计 1 万字；最后，安徽省（水利部淮河水利委员会）水利科学研究院杨智、郜洪生、孙飞龙、孔楠楠、黄从斌、刘长顺以及河海大学许军才分别参与了部分试验和全书的统稿工作。

目　录

第1章 绪 论

1.1 研究背景和意义

混凝土是工程中使用最为普遍的结构材料。作为一种非均匀、各向异性的多相复合体系，混凝土具有较为复杂的内部结构，质量变异性较大。在混凝土组成、配制、浇注以及养护过程中，影响其质量的因素较多，如施工方法、施工工艺、机械配置、人员素质、环境条件、气候等都会对混凝土质量产生直接或间接影响，每一个环节都可能因技术和管理上的不足而造成质量缺陷，从而影响混凝土的各种力学性能，给工程带来安全隐患。此外，在混凝土结构长期使用过程中，由于化学、物理因素的作用，混凝土结构的工作性能会逐渐劣化，从而导致其强度和承载力下降，甚至危及整个结构的安全，尤其是水工混凝土结构，普遍具有功能复杂、规模巨大和安全要求高的特性，且常年或周期性地受到高压高速水流的渗透、侵蚀、冲刷、冻融等作用，再加上在设计和施工环节可能留下的质量隐患，在使用过程中其往往会出现不同类型和性质的质量缺陷[1~3]。

根据混凝土缺陷存在形式和部位的不同，混凝土缺陷检测通常被分为外观质量缺陷检测和内部缺陷检测。对混凝土外观质量缺陷检测，一般可在现场根据缺陷的情况进行观察、直观描述检测，较为方便、快捷。而对混凝土内部缺陷的检测则较为困难，需要在相关理论分析的基础上，借助精密的仪器设备和先进的技术手段才能完成。因此，探测混凝土结构内部缺陷并对缺陷的类型、性质及范围给予正确的识别和评价成为目前行业内亟待解决的工程技术难题，也是当前国内外工程界和学术界共同关注的学科前沿课题。通常意义上的混凝土缺陷检测指的是内部缺陷检测，目前混凝土缺陷检测的方法主要有两大类：一是取样试验法，它是一种通过现场取样和室内试验来获得混凝土性能特征及内部质量状况的方法，检测精度较高，但对原有混凝土结构有一定损伤，并且由于其在检测部位及检测数量上的限制，难以客观、全面地反映混凝土整体质量；二是物理检测方法，它是一种根据在混凝土中传播的弹性波或者电磁波的波形、频率、相位和波速等特征来间接获取混凝土的力学性能及内部质量状况的方法，即无损检测方法，也称非破损方法，具体来说就是在不破坏结构构件的情况下，应用以电子学、物理学为基础制成的测试仪器直接在结构物上获取与材料性能、结构质量有关的物理量，并通过这些物理量与混凝土质量完整性之间的相关性，进而推定或评价混凝土质量状况和结构性能的、一种新型的测试方法。与破坏性检测相比，无损检测更加快捷、经济和高效并具有非破坏性、全面性和全程性的特点[4]。

混凝土质量缺陷将直接影响混凝土结构的适用性、安全性和耐久性，尤其是水利工程，其质量与安全是涉及国计民生的大事，一直备受关注。水利工程质量检测与评估作为保证工程质量与安全的重要手段之一，它可以对工程质量与安全可靠度适时做出评估，为管理部门的决策提供有力的技术支撑。水利工程质量检测和评估工作的对象是水工建筑物实体，这就要求在检测过程中要尽可能不破坏工程实体，尤其是实体的关键部位。同时，由于水利工程质量检测与评估工作必须全面、客观地反映工程实体的真实状态，其结果必须客观、准确，这就要求工作覆盖面必须很大，而且质量检测与评估工作经常在汛期工程遇到险情时开展，因工程实体可能存在着质量或安全隐患，为保证汛期工程安全，所以一般要求检测成果及时提供。此外，当前在建设工程中混凝土浇筑引进了新技术、新工艺以及新设备，使得混凝土浇筑速度加快，从而要求相关人员或部门的各工序质量检测速度也必须跟上。这些特点决定了检测与评估工作必须快速、准确且最好在不破坏工程实体的基础上开展。因此，为了能准确、客观、全面和快捷地对工程实体质量进行诊断和评估，亟须深入开展混凝土缺陷无损检测与快速评价技术的研究。

近年来，随着工程建设质量管理工作不断加强，混凝土缺陷无损检测技术的作用日益凸显，同时也极大地促进了该项技术的迅猛发展。不仅已有的方法更趋成熟和普及，而且新技术、新方法不断涌现。可以说目前混凝土缺陷无损检测技术已跨入了一个崭新的发展阶段。但是，对于具有新结构体系和新材料应用的建设工程中的混凝土结构，以及某些特殊条件和环境下的混凝土结构，目前采用的各种混凝土缺陷无损检测方法及相关的检测规范、规程，难以满足工程质量检测的要求。这也给混凝土缺陷无损检测技术研究提出了新的课题。

目前混凝土缺陷无损检测技术主要有超声法、冲击回波法以及探测雷达技术等。其中，在工程上被广泛应用并制定有国家或行业技术规程的目前只有超声法。超声法是在结构的侧面分别发射和接收应力波，根据波速、声时、主频、首波波幅等声学参数的相对变化来判定混凝土中的缺陷情况。超声法虽具有测试穿透能力强、操作方便及测试效率高等优点，但由于波幅受耦合状态影响较大，在实际测试中难以保证每次都具有良好的耦合状态及相同的测试条件，故首波波幅只能作为参考量，同时其波速和频率参数也不甚准确，因此往往也难以作为判据，所以实际检测中主要应用的是声时；此外，由于采用超声波穿透测试时接收和利用的是透射波，因而不能获得直接表征缺陷的信号，而只能根据许多测点测试数据的相对比较作出判断，因此较难实现全面的定量检测，目前尚处于定性检测阶段；再者，超声法在测点布置上存在两个对被测面的限制，加之混凝土对其发射的高频应力波的强吸收和各向异性问等题，目前，超声法对混凝土缺陷检测的应用范围有限且精度不高。探测雷达虽可以单面测试，但其发射的是电磁波，测试结果受内部配筋的影响较大，应用范围很有限。长期以来，人们一直寻求以声波反射（回波）的方法来探测混凝土内部缺陷，这样既可实现单面测试及扩大应用范围，又可获得缺陷处明确的反射信号，继而根据反射回波提供的特征信息可直接确定缺陷的性质。20 世纪 80 年代，国际上开展了对冲击回波法的研究，并取得较大进展。冲击回波法作为一种新兴的无损检测方法，以其具有适合单面检测、检测深度大、测试方便等优点而备受青睐，具有较好发展前景。冲击回波法与超声法相比，其最大的特点是冲击产生的应力波是低频波，受混凝土材料及结构状况的差异性影响较小，在非均匀的混凝土介质中能顺利传播而不会发生较大散射，能够在缺陷结构面上产生有效反射波，从而可根据反射回波来确定缺陷位置。因此，冲击回波法在混凝土缺陷检测上更具优势。冲击回波法在发达国家已经被广泛应用于混凝土缺陷检测，但目前在国内的应用还处在初始阶段，尚缺乏系统的应用研究。因此，深入开展冲击回波法的应用研究是提高当前混凝土缺陷无损检测与识别精度的一条有效途径，也是混凝土缺陷无损检测技术发展的重要方向。

混凝土缺陷无损检测主要依赖对测试信号的有效处理和识别。由于混凝土结构缺陷的复杂性及其在检测过程中会受到试验条件、材料性能、检测环境、检测方法、操作水平及仪器系统性能等众多因素的影响，测试信号往往表现出较为复杂的非线性特性。当前对测试信号常用的处理方法是快速傅里叶变换，而傅里叶变换作为一种处理平稳信号的时、频域单参数方法，在分析具有典型非平稳特征的缺陷检测信号时表现出本质的不足，因此缺陷判别的准确性和可靠性难以保证，这在很大程度上限制了混凝土缺陷无损检测技术的发展和应用。

欲使检测信号所携带的混凝土缺陷信息得以充分展现，小波分析方法是一种有效手段。小波变换技术采用局部函数对信号进行自适应时频分析，既继承了傅里叶变换的优势，又从方法本质上克服了傅里叶变换的不足，特别适用于非平稳信号的分析[5,6]。近年来，小波变换理论得到了迅速发展，已经开始应用到混凝土结构无损检测领域，并取得了一些有益成果。因此，当前混凝土缺陷无损检测所要解决的首要问题是研究应用先进的数据融合技术对测试信号进行有效的降噪处理并充分挖掘测试信号的特征信息，为进一步提高检测评价结果的可靠性及最终实现全面量化奠定基础[7]。

此外，混凝土缺陷无损检测与诊断是一个复杂的模式识别问题。由于混凝土缺陷无损检测是建立在混凝土的某些性能特征与测试物理参量之间相关关系的基础上的，受到试验条件及材料性能等众多因素的影响，这种相关关系将表现出较为复杂的非线性特性，这往往是一种复杂的非线性映射关系。而目前普遍采用的统计回归方法，是用一确定的表达式来描述这种复杂的非线性关系，这显然很难得到较好的逼近精度。同时，目前对测试信号的解释还是依靠专业技术人员通过人工手段进行分析和判别，当测试数据量很大时，在有限的时间内人工方法将难以完成对测试信号的全面分析与判别工作，且分析结果受人为因素影响较大。这些都给最终快速、准确评价混凝土结构质量状况带来困难，使评价结果的效率及可靠性难以保证。近年来，数据信息处理技术和人工智能技术的不断发展，为解决上述问题提供了有效途径[8]。但是，目前诸如人工神经网络、支持向量机等追求训练样本趋于无穷的人工智能算法的应用大都是通过简单的模型试验来获得训练样本，并且其算法自身存在泛化能力差及对小样本测试环境适应性弱等局限性，这些在很大程度上影响了当前应用人工智能技术进行混凝土缺陷检测与分类识别的有效性。因此，针对混凝土缺陷检测与质量评定的复杂性和不确定性，研究应用先进的信息处理技术和人工智能技术，充分挖掘混凝土缺陷检测信号的特征信息，建立能够更为有效地反映混凝土质量状态与测试信号特征参量之间复杂非线性映射关系的数学模型，已成为当前研究的前沿与热点课题，对进一步提高混凝土缺陷无损检测与评价的效率和精度具有重要意义。

综上所述，混凝土缺陷无损检测技术在工程质量控制、工程验收及安全性鉴定等方面具有传统检测方法无法比拟的优点[9]。当前混凝土缺陷无损检测技术深受国内外工程和学术界的关注，并已成为衡量一个国家工程质量检验和技术管理水平高低的标志。但是，目前该技术还存在诸多不足，在检测精度和适应性方面尚需要进一步提高与发展。因此，针对当前混凝土缺陷无损检测中存在的亟待解决的关键问题，在理论分析、数值模拟的基础上，深入开展基于先进的机器学习及数据挖掘技术的混凝土缺陷无损检测的模型实验研究，据此建立更为有效的混凝土缺陷智能化快速检测与分类识别模型，实现对混凝土缺陷类型、性质和范围的快速定量识别与评价，对进一步提升混凝土缺陷无损检测技术创新与应用水平具有重要的科学意义。本项目研究源于当前建设工程中的实际问题，也是十分迫切需要解决的关键技术问题，整个研究过程紧密结合实际工程需求，是对推动混凝土缺陷无损检测技术的发展具有重要科学意义的应用基础研究，因此研究成果将具有广阔的应用前景。

1.2 研究现状与发展动向

早在 20 世纪 30 年代，人们就开始探索和研究混凝土无损检测方法，并获得迅速发展，逐渐形成了一个较为完整的混凝土无损检测方法体系 [10]。1935 年，格里姆（Grimet）和爱德（Ide）把共振法用于测量混凝土的弹性模量。1948 年，施密德（Schmid）研制成功回弹仪。1949 年，加拿大的莱斯利（Leslie）、奇斯曼（Cheesman）和英国的琼斯（Jones）、加菲尔德（Gatfield）首先运用超声脉冲进行混凝土检测获得成功，开创了混凝土超声检测这一新方法。20 世纪 60 年代，罗马尼亚的法考鲁（Facaoaru）提出用声速、回弹法综合估算混凝土强度的方法，为混凝土无损检测技术开辟了多因素综合分析的新途径；同时，声发射技术也被引入混凝土检测体系，拉什（Rusch）、格林（Green）等人先后研究了混凝土的声发射特性，为声发射技术在混凝土结构中的应用奠定了基础。

随着混凝土无损检测技术的日臻完善，许多国家开展了相关的标准化工作 [11]。如美国材料与试验协会（ASTM）、日本建筑学会、国际材料与结构研究实验联合会（RILEM）、英国标准协会（BSI）和德国标准化学会（DIN）等均已颁布相关标准。此外，国际标准化组织（ISO）也先后提出了回弹法、超声法等相应标准草案。这些工作对混凝土无损检测技术的发展和应用起到了良好的促进作用。近几十年以来，随着科学技术的不断进步，混凝土无损检测技术更是得到了蓬勃发展，无损检测技术已突破了原有范畴，20 世纪 80 年代，涌现出了一批诸如红外热谱、雷达扫描、脉冲回波、核磁共振等新技术 [12]。这些技术的最大特色就是与计算机仿真技术、人工智能技术、数据融合技术等相结合，具有较高的技术水平。这为无损检测技术的迅速发展提供了良好的技术支持。

我国在这一领域的研究工作始于20世纪50年代。在这一时期我国开始引入国外的回弹仪和超声仪，并结合工程应用开展了研究工作。20世纪60年代初，对回弹法的研究日趋成熟，并开始批量生产回弹仪。20世纪70年代后期，我国混凝土无损检测技术的研究进入了一个新的发展时期，相关研究人员广泛进行了混凝土无损检测技术的研究与应用。20世纪80年代以后，混凝土无损检测技术在我国得到快速发展，并取得一定的研究成果。除超声、回弹等无损检测方法外，还对钻芯法、后装拔出法等进行了研究，并相继制定了一系列有关混凝土无损检测的技术规程[13~16]。在实际应用方面，超声法检测混凝土缺陷取得了重要的进展。进入20世纪90年代以来，我国不断加强对建设工程质量的管理，进一步推动了无损检测技术的蓬勃发展，已有方法更趋成熟和普及，同时新的方法不断涌现。其中，雷达技术、红外成像技术、超声波技术、冲击回波技术等进入实用阶段。同时，在检测结果分析技术方面也有重大突破，由经验性判断上升为数值判据判断及人工智能判断，从而为进一步提高检测的实用性与准确性奠定了基础。总的来说，我国在混凝土无损检测领域的研究工作起步较早，在常规的无损检测技术方面的研究和应用已处于较高水平，但在一些新方法、新技术的创新及应用方面，发展还较为落后，尚有待进一步提高。

近年来，混凝土无损检测技术新发展主要集中在混凝土内部缺陷检测方面。混凝缺陷无损检测，大多是以波动传播为基础的，根据其采用的媒质及激发波动的机理不同，混凝土缺陷无损检测技术可分为两大类：一类是以应力波理论为基础的无损检测技术，如冲击回波法（IE）、超声脉冲法（UP）、表面波频谱分析法（SASW）、声发射技术（AE）等；另一类是以电磁波理论为基础的无损检测技术，如探地雷达（GPR）、红外热成像、X射线扫描技术（CT）等。

不同的混凝土缺陷无损检测方法有着各自不同的特点和适用性，鉴于方法较多，这里不逐一论述，仅结合本项目研究内容，对新近兴起且备受关注的以应力波理论为基础的冲击回波法的研究进展进行论述。冲击回波法是利用小钢球在结构表面施加瞬时的机械冲击，由此产生的低频应力波在以球形波阵面向混凝土结构内部传播的过程中，会在由构件和内部缺陷所构成的多重界面之间来回反射，这样多次的往复反射将引起结构的局部瞬态共振，从而使波形具有周期性特征，在频谱中表现为对应结构厚度或缺陷深度的频率峰值。此外，结构内部缺陷的存在会引起应力波传播路径和结构局部瞬态共振频率的变化，表现为厚度频率峰值向低频漂移，据此我们可以判定混凝土内部存在缺陷。冲击回波法的主要优点是可以单面检测，测试过程简便、快捷，克服了超声波法需两面布设传感器的弱点。在1984年的国际现场混凝土无损检测会议上，加拿大学者马尔霍查把冲击回波法列为“最有发展前途的现场检测方法”之一。

1.2.1 国外冲击回波法检测混凝土缺陷技术研究进展

冲击回波法是 20 世纪 80 年代兴起的、一种基于应力波的混凝土无损检测技术，是由美国康奈尔大学的玛丽 · 圣萨洛内（Marry Sansalone）教授和美国国家标准与技术研究所（NIST）的尼古拉斯 · J. 卡里诺（Nicholas J. Carino）于 1984 年研究开发的。1985 年，为了描述冲击回波这一新方法，并将该法与脉冲回波法区别开来，美国国家标准署的研究员创造了"Impact-Echo"一词。到 1987 年，冲击回波法的深入研究在康奈尔大学开始集中展开，这期间玛丽 · 圣萨洛内教授开发出了第一代冲击回波现场检测仪器，随后与威廉 · B. 斯特里特（William B. Streett）出版了一本冲击回波检测法的指导书，对该方法的数据处理、试验规程和现场测试进行了系统阐述，同时研发了现场检测设备硬件和软件，这极大地促进了该方法在混凝土结构无损检测中的应用和推广 [17]。

20 世纪 90 年代初，冲击回波法主要应用于检测板状的混凝土结构，检测内容主要包括结构的使用质量及内部缺陷情况。这一时期的成果主要包括：混凝土构件表面裂缝深度及表面蜂窝的检测；基于应力波的原理检测混凝土内部缺陷；检测存在于灌注桩中的空洞等缺陷；利用智能技术对冲击回波信号进行自动分析；对钢筋混凝土的裂缝深度及内部空洞的研究等。1992 年，康奈尔大学的尼古拉斯 · J. 卡里诺和玛丽 · 圣萨洛内教授第一次用一套简陋的仪器在实验室进行了冲击回波法检测预应力管道内部缺陷的实验，初步论证了冲击回波检测管道内缺陷的可行性；同年，世界上第一台基于冲击回波法的现场检测设备在美国的康奈尔大学诞生。到 1993 年，康奈尔大学开始了包括数学模型、实验室研究和现场检测相结合的综合性研究计划 [18]。

20 世纪 90 年代末，冲击回波法的应用范围逐渐向多元化的方向发展，其中包括混凝土内部空洞、裂缝、蜂窝的检测及混凝土结构裂缝宽度与深度的确定等 [19]。1997 年，ASTM 颁布了一项关于冲击回波检测板厚及传播速度的检测标准 [20]，为冲击回波法的应用提供了标准及依据。同年，康奈尔大学的玛丽 · 圣萨洛内利用冲击回波法检测了存在于混凝土结构内的空洞、裂纹及剥落层等缺陷，进一步得出了较为精确的结论 [21]。1999 年，英国南安普顿大学的马丁 · 希尔（Martyn Hill）、约翰·D. 特纳（John D.Turner）和约翰 · 麦克休（John McHugh）进行了用冲击回波法检测梁结构内预应力管道压浆情况的实验；肖（Hsiao）和林（Lin）等人对钢和混凝土组合柱采用冲击回波法进行无损检测，并采用三维弹性动力学有限元模型在 LS-DYNA3D 分析软件中模拟组合柱瞬时冲击所产生的响应，进一步验证了冲击回波法无损检测的可靠性和广泛的应用性 [22]。

进入21世纪以来，随着混凝土无损检测技术在工程质量管理中的作用日益凸显，以及各种新技术、新方法的不断涌现，混凝土冲击回波测技术跨入了一个崭新的发展阶段。2000年，波兰的阿尼什·库马尔（Anish Kumar）等人首次将冲击回波法应用于压力重水核反应堆环柱上，较好地估计了其结构强度，进一步拓展了冲击回波法的应用范围[23]；同年，法国的奥迪勒·亚伯拉罕（Odile Abraham）、菲利普·科特（Philippe Cote）研究了预应力管道的大小、混凝土板的截面形式（高宽比）、管道埋深、管道间间距、缺陷界面与检测平面的关系等因素对冲击回波检测管道内缺陷情况的影响，同时提出了一种分析冲击回波频域峰值的方法[24]。2002年，大津（Ohtsu）和渡边（Watanabe）采用堆栈成像（SIBIE）方法对一灌浆和不灌浆预应力混凝土梁进行检测试验，结果表明采用SIBIE方法可以将不灌浆和灌浆处的情况用图形清晰地显现出来，从而克服了冲击回波法在识别峰值频率上的困难[25]。2003年，佛罗里达大学的拉里·C. 穆辛斯基（Larry C. Muszynski）、阿卜杜勒·R. 奇尼（Abdol R. Chini）等人采用了冲击回波（IE）、表面波频谱成像（SASW）和超声波层析成像（UTI）三种方法对后张法有黏结预应力混凝土管道内部缺陷进行检测，通过对比分析，提出冲击回波法能较好地估计出铁制管道内的灌浆情况[26]。2004年，渡边（Watanabe）、林（Lin）等人分别利用冲击回波的SIBIE方法和时域分析方法有效地实现了对钢筋混凝土板内浅裂缝和深裂缝等人工埋设缺陷的检测[27]。2006年，英国爱丁堡大学的R. 马尔登（R. Muldoon）等人建立了含有塑料管道的后张法预应力混凝土标准梁模型，并应用冲击回波法进行检测试验，结果表明，由于塑料管与混凝土的黏结性差、界面存有空隙，冲击回波法在该方面检测的有效性不高[28]。目前，国外新近发表的关于冲击回波技术方面的研究文献，大都集中于通过对冲击回波测试信号的有效处理进行混凝土内部缺陷的分类识别及层析成像等方面的研究，这在一定程度上代表了当前混凝土冲击回波检测技术的发展水平和发展方向[29]。

在测试仪器研制方面，目前国外有许多种冲击回波测试产品，如美国Impact-Echo公司的Impact-E、美国OL-SON公司的CTG-1TF、美国NDT James公司的Vu-Con、荷兰Skalar公司的THL-CK、丹麦B&K公司的Docter和日本东海公司的iTECS等，这些都是单点式的冲击回波测试仪器，每次只能记录一个冲击数据。由美国OL-SON仪器公司研制的IES扫描式冲击回波测试系统，将传统的利用不同直径的钢球作为激发源发展为采用机械控制的激发源，同时将固定的单个传感器变换为滚动式传感器，将信号发射与接收同步进行，从而极大地提高了测试速度。

1.2.2 国内冲击回波法检测混凝土缺陷技术研究进展

国内对冲击回波技术的研究起步较晚，1989 年南京水利科学研究院的研究人员罗骐先、傅翔等人才率先对冲击回波技术开展了研究，同济大学声学研究所的顾轶东、林维正等人也积极参与了这项技术的研究。20 世纪 90 年代初期，冲击回波法在混凝土工程中的应用研究逐步展开，并取得了一些研究成果 [30]。20 世纪 90 年代末，南京水利科学研究院与同济大学声学研究所联合研制成功国内首台用于混凝土结构厚度和内部缺陷探测的系统——IES-A 型冲击反射测试系统，并于 1996 年通过电力工业部鉴定，1998 年被交通部选定为科技推广项目。在此基础上，经过不断的发展、完善，冲击回波法检测混凝土缺陷与厚度的可靠性得到进一步加强，同时该方法还可用于检测混凝土表面垂直裂缝的深度，且可以达到较高的检测精度 [31]。

进入 21 世纪以来，国内冲击回波技术得到了长足发展，在工程建设领域中的应用、研究十分广泛，并且取得了一定的成就。2000 年，我国台湾地区的相关学者对用冲击回波方法对大体积深裂纹的检测应用进行了研究，取得了较精确的结果 [32]。2001 年，长江科学院的肖国强等人通过模型试验研究了冲击回波法检测混凝土质量缺陷的可行性，模型试验结果表明，冲击回波法可检测表面裂缝深度及探测混凝土浅部不密实体或空洞等质量缺陷，是一种有效、快速的无损检测方法 [33]。2002 年，武汉理工大学的赵国文等人用冲击回波法检测了混凝土板不同深度的开口裂缝，通过分析裂缝的检测原理，对所获数据进行分析和处理，得出了精确检测混凝土板表面垂直裂缝的方法以及结论 [34]。2003 年，南京水利科学研究院的傅翔等人对长江某桥索塔横梁预应力管道灌浆质量进行了检测，通过冲击回波法的室内模拟试验得出了比较准确的检测结果 [35]。2004 年，针对超声脉冲法的种种不足，宁建国等人系统地阐释了利用冲击回波法对混凝土结构的厚度及裂缝深度等缺陷检测的原理、检测仪器以及检测方法，通过对比分析，提出冲击回波法在检测混凝土结构方面的优越性，从而进一步奠定了该方法在混凝土结构检测中的重要地位 [36]。2005 年以来，国内冲击回波技术在检测大体积混凝土结构深层内部缺陷方面的可行性，在包括三峡大坝在内的大型工程中得到有效验证，且测量的波形受水电站运行等恶劣环境的影响较小，进一步凸显了该方法在水工混凝土结构检测中的优越性 [37]。2009 年武汉理工大学的袁新顺等人通过模型试验分析了混凝土内部结构的变化与波速变化之间的关系；2010 年南京大学邹春江等人通过用冲击回波法比较箱梁在不同注浆饱满度下冲击回波信号的主频，研究主频对不同注浆饱满度的响应规律等。这些研究都为冲击回波法更好地应用于工程实践提供了理论基础 [38]。

随之，通过模型试验及数值模拟等手段，对冲击回波法检测混凝土缺陷的机理及影响因素进行深入研究的相关文献不断涌现[39]。随着研究的日趋深入，冲击回波技术在检测精度和检测效率上得以不断提高，同时在混凝土缺陷检测领域也得到广泛应用。

在测试仪器研制方面，国内的南京水利科学研究院、同济大学以及北京康科瑞公司等多家科研单位研发出了多种检测仪器及配套的应用软件，进一步促进了冲击回波法在混凝土结构检测等多个领域中的广泛应用。目前国产测试仪器与国外知名品牌仪器在使用性能上的差距不大，大都能够达到预期的检测效果。经过 20 多年的发展，冲击回波检测技术在国内的研究和应用不断深入并取得了一定的成果。尽管目前该技术在测试信号处理和缺陷识别等方面还不够成熟和完善，相关规范及技术规程尚在制定中，但是随着我国建设事业的蓬勃发展，混凝土缺陷无损检测越来越受到重视，冲击回波技术以其自身优势必将具有良好的发展前景。

综上所述，混凝土缺陷无损检测技术作为建设工程中的一种重要的检测手段，具有常规检测技术无法比拟的优点，因而深受国内外工程和学术界关注，并已成为衡量一个国家工程质量检验和技术管理水平高低的标志。近年来，随着工程建设质量管理的不断加强，混凝土无损检测技术的作用日益凸显，同时也极大地促进了该项技术的迅猛发展。目前混凝土缺陷无损检测技术已跨入了一个崭新的发展阶段，同时现代建设工程中迅速发展的新设计、新材料、新工艺也给混凝土缺陷无损检测研究提出了新的课题。由于混凝土结构内部缺陷的复杂性及检测方法本身在信号处理上的局限性，现有的检测技术，包括冲击回波技术在内，对信号数据的利用率较低，加之测试过程中的噪声等影响因素，这些都给人们最终快速、准确评价混凝土结构质量状况带来困难，从而限制了混凝土缺陷无损检测技术的进一步发展和应用，相关技术目前大都处于定性检测阶段。在当前技术条件下，如何更好地对检测信号进行有效分析，以获得混凝土结构缺陷的特征信息，实现有效的分类识别进而做出定量评价，越来越受到人们重视[40]。混凝土缺陷无损检测技术是多学科紧密结合的高技术产物，现代材料科学、应用物理学及固体力学的发展为混凝土无损检测技术奠定了理论基础；现代电子技术、计算机技术、数据挖掘及信息融合技术的发展为其提供了有力的测试与分析手段。近年来，随着工程建设的蓬勃发展以及现代检测技术、数据信息处理技术和人工智能技术的不断进步，混凝土缺陷无损检测技术发展很快，许多现代科学技术已进入混凝土无损检测领域。但总体看来，目前混凝土缺陷无损检测技术在数据信息处理和人工智能技术方面的基础理论及应用研究的文献还不多，相关研究工作还不够深入。因此，针对混凝土缺陷无损检测与评价工作的复杂性和时效性，研究应用先进的数据融合技术实现混凝土缺陷智能化快速检测与定量识别，成为当前国内外工程及学术界关注的重要课题。可以预见，随着工程建设的蓬勃发展及现代检测技术、数据信息处理技术和人工智能技术的不断进步，混凝土缺陷的无损检测技术将具有更为广阔的发展与应用前景。

1.3 研究目标与内容

1.3.1 研究目标

研究目标是针对当前混凝土缺陷无损检测中存在的亟待解决的关键问题，在理论分析、试验研究和数值模拟的基础上，应用先进的信号处理技术和人工智能技术，充分挖掘混凝土缺陷冲击回波测试信号的特征信息，更好地逼近混凝土性能特征与测试信号物理参量之间复杂的非线性映射关系，由此建立混凝土缺陷智能化快速定量识别与评价系统模型，实现对混凝土缺陷类型、性质和范围的智能化快速定量识别与评价，进一步提升混凝土缺陷无损检测技术创新与应用水平。

1.3.2 研究内容

1. 冲击回波法检测混凝土缺陷的模型试验

根据实际工程中混凝土结构常见的质量缺陷特征，在试验室制作一系列含有不同类型和性质缺陷的混凝土模型试件（设置不同性质的空洞、非密实、裂缝等）以及无缺陷混凝土模型试件，并应用冲击回波法对这些试件进行测试研究。人们利用冲击回波法检测混凝土质量缺陷，根据冲击回波的频谱特征来分析判断混凝土缺陷情况，不同类型和性质的缺陷对测试回波频谱的影响不同。人们通过模型试验，深入研究冲击回波方法所激发的低频弹性应力波在混凝土中传播的基本特性及影响因素，并进一步分析验证不同的缺陷状态与其所对应的测试物理参量之间的相关关系。在此基础上，深入研究冲击回波法检测混凝土缺陷的工作机理，并对其可靠性进行试验验证。此外，模型试验成果可为研究构建人工智能算法模型提供学习样本，进而为最终建立混凝土缺陷智能化快速定量识别与评价系统模型奠定基础。同时试验还可为制定和完善混凝土缺陷无损检测相关技术规程提供依据。

2. 冲击回波法检测混凝土缺陷的有限元仿真

在模型实验的基础上，通过将数值模拟与模型试验数据对比分析，找出弹性应力波在混凝土介质中的传播规律及影响因素，有助于提高混凝土缺陷检测与识别的精度。此外，由于混凝土缺陷的复杂性，模型试件的制作较为困难，对复杂缺陷模型的制作往往难以达到预期效果，而且成本高，无法制作大量的模型试件，而本书所要构建的人工智能算法模型则需要为之提供足够的训练样本，因此在进行一定量模型试验的基础上，结合有限元建模，针对复杂缺陷情况进行数值模拟试验，可以对混凝土缺陷的检测与识别研究起到极大的辅助作用。本书基于 ADINA 有限元分析软件，建立三维有限元模型，运用动力有限元分析理论，对冲击回波法检测混凝土缺陷的检测过程进行数值模拟，以此研究弹性应力波在混凝土结构中的传播规律，并对冲击回波法检测混凝土缺陷的影响因素进行敏感度分析，以进一步提高冲击回波法检测混凝土缺陷的精确度和可靠性。

3. 基于小波分析的信号去噪与特征提取

混凝土缺陷检测与识别主要依赖于对测试信号的有效处理。当前常用的处理方法是快速傅里叶变换。由于傅里叶变换方法使用的是一种全局的变换，不具有时频局部化的能力，无法表述信号的时域和频域的局域性质，它所能利用的信号特征信息很有限。欲使检测信号所携带的混凝土缺陷信息得以充分展现，则小波分析方法是一种有效手段。小波多尺度分析方法采用局部函数对信号进行自适应时频分析，既继承了傅里叶变换的优势，又从方法本质上克服了傅里叶变换的不足，特别适用于非平稳信号的分析。本书针对混凝土缺陷冲击回波信号的复杂性，在模型试验和数值模拟的基础上，采用适合处理非平稳测试信号的小波基函数，通过将小波分解方法应用于检测信号的数据处理，在不损坏原信号的情况下滤除信号中的噪声，并提取测试信号在多尺度分辨空间中的特征值，为实现对混凝土缺陷的定量识别提供充分和有效的特征信息。

4. 基于极限学习机的混凝土缺陷智能化快速定量识别模型

混凝土缺陷无损检测与识别是建立在混凝土性能特征与测试信号物理参量之间相关关系的基础之上的，因而是一个复杂的模式识别问题。通常人们采用的统计回归方法很难实现这种较为复杂的非线性映射关系，同时分析结果受人为因素影响较大。目前混凝土缺陷无损检测总体上处在定性阶段，且检测效率与精度均不够理想。为此，本文针对现有混凝土缺陷无损检测技术的不足，在理论分析和模型试验的基础上，应用先进的信号处理技术和人工智能技术，充分挖掘混凝土缺陷冲击回波测试信号的特征信息，由此建立基于小波分析和极限学习机（ELM）的混凝土缺陷智能化快速定量识别与评价系统模型，以实现对混凝土缺陷类型、性质和范围的智能化快速定量识别与评价。

1.4　研究方法及技术路线

本书主要从混凝土结构质量状态的数据信息采集（应用现代检测技术结合模型试验和数值模拟方法）、数据信息预处理（应用小波变换方法）及质量缺陷诊断评估（应用人工智能算法）等方面深入开展混凝土缺陷智能化快速检测与识别技术的应用研究。该技术是一门集工程检测数据采集、数据信息降噪处理及质量缺陷诊断与快速评价于一体的综合性技术。因此，本书研究方案将从工程实际出发，采用理论分析、试验研究和数值模拟相结合的方法进行研究。

理论分析：本书涉及人工智能算法、小波分析、数值模拟、混凝土材料、结构试验等方面的知识；从理论方面分析混凝土力学特性、波在混凝土中的传播规律、极限学习机原理及其算法在处理非线性映射关系方面的能力及小波分析在信号数据处理方面的优越性等。

试验研究：相关试验主要是材料试验和结构模型试验，以此获得材料和结构模型的客观表象；结合理论分析，在研究建立符合室内试验和工程实际的混凝土缺陷试验模型的基础上，应用冲击回波法对混凝土结构中应力波传播规律、影响因素以及回波信号特征参数与缺陷性质间的相关关系进行试验研究。

数值模拟：在进行模型试验的基础上，结合有限元建模，对于混凝土结构质量缺陷尤其是复杂缺陷的检测过程进行数值模拟试验，以对混凝土缺陷的检测与识别研究起到辅助作用；通过与模型试验数据的对比分析，找到应力波的传播规律及缺陷识别的影响因素，以此对冲击回波法测混凝土质量缺陷的检测机理及有效性进行试验研究与验证。

本书的技术路线将围绕混凝土缺陷无损检测中存在的关键问题，在理论分析、试验研究和数值模拟的基础上，应用 MATLAB 程序平台将小波分解，并将极限学习机综合应用于检测信号的数据处理工作，以更好地逼近信号特征参数与混凝土缺陷状态之间复杂的非线性映射关系，由此建立混凝土缺陷智能化快速定量识别与评价系统模型，并结合物理模型试验和实际工程检测结果，进一步对模型进行验证和修正，使之趋于完备，最终实现对混凝土缺陷类型、性质和范围的定量检测与快速评价。技术路线流程如图 1.1 所示。

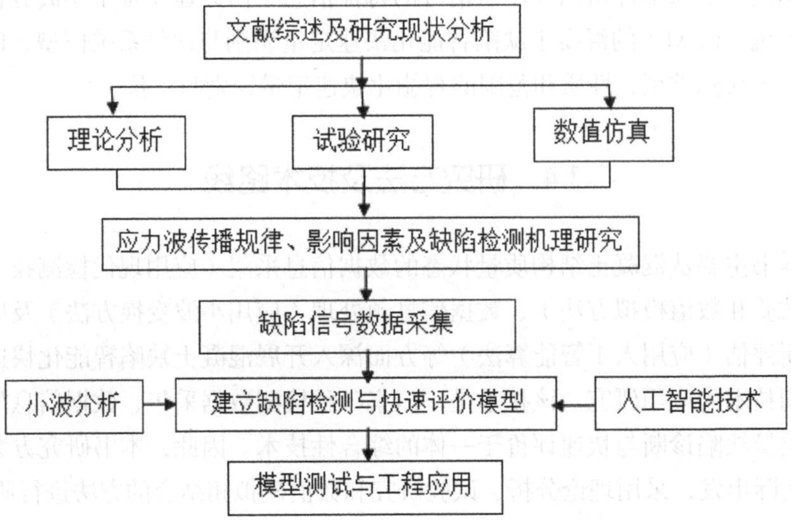
文献综述及研究现状分析
理论分析
试验研究
数值仿真
应力波传播规律、影响因素及缺陷检测机理研究
缺陷信号数据采集
小波分析
建立缺陷检测与快速评价模型
人工智能技术
模型测试与工程应用

图 1.1　技术路线流程

第 2 章　冲击回波法检测混凝土结构厚度与缺陷技术

2.1 概　述

冲击回波检测技术主要利用被测结构在瞬时机械冲击作用下的响应特征来识别其内部完整性。由于瞬时冲击作用在弹性固体介质中产生的局部扰动将以波的形式传播，本章首先对弹性波（或应力波）的传播理论进行论述，为后续研究奠定基础。此外，鉴于混凝土介质自身的不均匀性及其内部缺陷的复杂性，本章通过模型试验深入研究了冲击回波方法所激发的低频弹性波在混凝土介质中传播的基本特性及影响因素，并进一步分析了不同的缺陷状态与其所对应的测试物理参量之间的相关关系，在此基础上，深入研究了冲击回波检测方法的有效性与适用性，并对冲击回波法检测混凝土结构厚度和内部缺陷的识别方法以及检测适用范围进行了系统的分析和总结。

2.2　应力波基本理论

2.2.1 应力波的类型和属性

弹性固体介质中的所有质点都彼此紧密联系在一起，任何一个质点的振动（瞬时的应力或位移扰动）都会传递给周围的质点，使其发生振动。质点振动的传播过程被称为波动，即振动以波的形式向周围传播，这种波被称为弹性波或应力波[41]。应力波的类型和属性主要取决于介质中质点振动方向与波传播方向的关系，据此应力波可分为纵波、横波及表面波。纵波的传播方向与质点运动方向一致，纵波在介质中传播时会产生质点的稠密部分和稀疏部分，故又称为疏密波，常以字母“P”表示。横波的传播方向与质点的运动方向垂直，横波在介质中传播时介质会相应地产生交变的剪切形变，故又称为剪切波和切变波，常以字母“S”表示。表面波是一种沿介质表面传播的波，形成于介质表面交替变化的表面张力，这种表面张力使得介质表面的质点作由纵向和横向运动合成的椭圆振动，椭圆的长轴垂直于波的传播方向，短轴平行于传播方向，这种波常以字母“R”表示。

P 波和 S 波是两种最简单也是最基本的波的形式，分别与法向应力和剪切应力传播有关，任何复杂的波形都是纵波和横波叠加的结果。P 波和 S 波沿半球波阵面向被测结构内部传播，当遇到结构底面边界或内部缺陷等介质波阻抗不连续的界面时会发生反射、透射或绕射。其中，P 波由于其波速快、幅值大，在反射波中占主导地位，因此冲击回波法主要运用这类波引起的结构响应进行缺陷识别。机械应力波在固体介质中的产生及传播如图 2.1 所示。

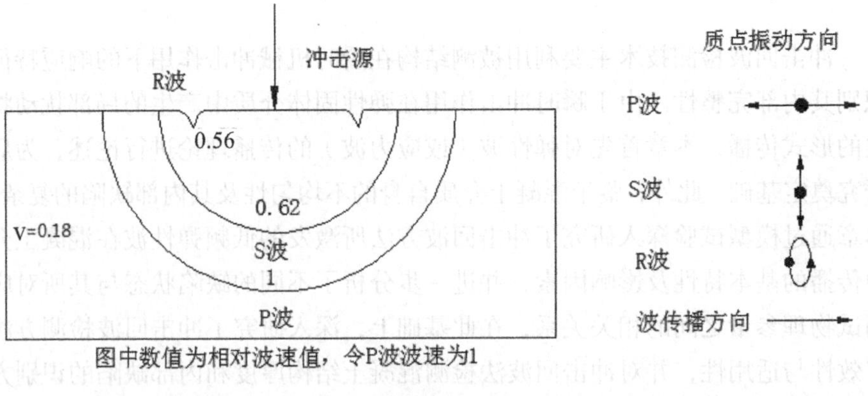

图 2.1　混凝土板表面由冲击源产生的应力波

应力波的波速在各向同性均匀介质中是一个定值。在一个无限均质弹性体中，应力波的波速与杨氏弹性模量（E）、泊松比（ν）、密度（ρ）有关，P 波的波速公式：

$$C_{\mathrm{p}}=\sqrt{\frac{E(1-\nu)}{\rho(1+\nu)\ (1-2\nu)}} \tag{2.1}$$

S 波的波速相对较低，如式：

$$C_{\mathrm{s}}=\sqrt{\frac{G}{\rho}}=\sqrt{\frac{E}{2\rho(1+\nu)}} \tag{2.2}$$

式中，G 为剪切弹性模量。

R 波的波速略低于 S 波，取决于材料的弹性常数。对于正泊松比（$\nu>0$）

的线性弹性材料，R 波的波速可近似为

$$C_r = \frac{0.81+1.12\nu}{1+\nu}\sqrt{\frac{E}{2\rho(1+\nu)}}$$

S 波与 P 波的波速比为

$$\frac{C_s}{C_p} = \sqrt{\frac{1-2\nu}{2(1-\nu)}} \tag{2.3}$$

R 波与 S 波的波速比为

$$\frac{C_r}{C_s} = \frac{0.87+1.12\nu}{1+\nu} \tag{2.4}$$

由公式可知，S 波与 P 波及 R 波之间的波速比与泊松比有关。普通混凝土的泊松比取值范围为 0.14 ～ 0.23，通常取 0.18，此时 S 波的波速约为 P 波的 62%；R 波约为 P 波的 56%[41,42]。

2.2.2 应力波的反射

当应力波在传播过程中穿过材料 1 投射到材料 2 的界面上时，将有部分入射波被反射。不同材料界面上反射波波幅的大小由两种材料的波阻抗决定，且与入射角成函数关系，当垂直入射时，反射波振幅最大。垂直入射时，设入射波的波幅为 A_i，则反射波的波幅 A_r 可表示为：

$$A_r = \frac{Z_2-Z_1}{Z_2+Z_1}A_i \tag{2.5}$$

式中，Z_1 为材料 1 的波阻抗；Z_2 为材料 2 的波阻抗。

波阻抗是材料中波速与其密度的乘积：$Z = E/C = \sqrt{E\rho} = C\rho$；$Z_2-Z_1/Z_2+Z_1$ 为波的反射系数。

若 $Z_1>Z_2$，反射系数为负值，则意味着应力波反射后其相位发生改变，界面处质点的运动方向发生反转，即压缩波反射为拉伸波，拉伸波反射为压缩波；当 $Z_1>Z_2$ 时，反射系数接近于 −1，反射波的振幅接近于入射波的振幅，但相位相反。P 波在混凝土 / 空气界面或在混凝土 / 水界面的反射会出现这种情况（混凝土的波阻抗远大于空气和水的），原来的压缩波经过反射后变为拉伸波，当拉伸波到达混凝土表面时在界面上产生朝向传感器内部的位移，这样不断地重复上述过程，传感器就能接收到连续的位移信号。图 2.2 为 P 波反射的位移波形示意图，由图可见 P 波的传播路径大致为被测结构厚度的 2 倍。

若 $Z_1<Z_2$，反射系数为正值，即反射波与入射波具有相同的相位；当 $Z_1<Z_2$ 时，反射系数接近于 1，此时反射波与入射波具有相同的波幅。P 波在空气 混凝土 钢材界面之间的反射便属于这种情况（钢材的波阻抗为混凝土的 5 ～ 7 倍），

入射的压缩波经过混凝土 钢材界面反射后仍为压缩波，反射回来的压缩波到达混凝土上表面（混凝土 空气界面）时被反射为拉伸波，再次到达混凝土 钢界面时，拉伸波反射后仍为拉伸波，由于压缩波的抵达在界面上产生向内的位移，而拉伸波的抵达在界面上产生向外的位移，这样便在混凝土上表面产生向内和向外交替出现的连续位移，由于传感器接收不到压缩波产生的朝向传感器外部的位移信号，只有拉伸波到达混凝土上表面时才能使位移传感器接收到朝向传感器内部的位移信号，因此较上一种情况，此时人们测得的波的传播路径和时间会加倍。位移波形示意图如图 2.3 所示。

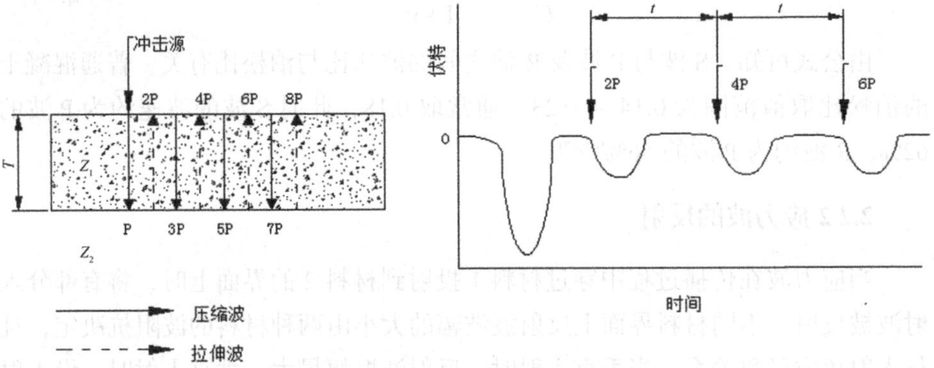

图 2.2　P 波在空气 / 混凝土 / 空气界面来回反射示意图

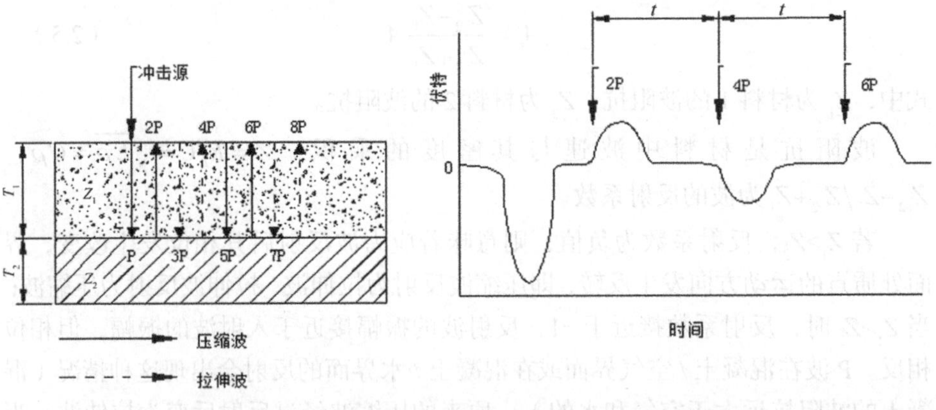

图 2.3　P 波在空气 / 混凝土 / 钢界面来回反射示意图

若 $Z_1=Z_2$，反射系数为零，则是两种介质材料的波阻抗非常接近的情况，几乎所有的应力波的能量都会穿过界面，这种情况往往发生在黏结良好的混凝土补丁界面以及与混凝土波阻抗相近的岩石同混凝土的接触界面。对于冲击回波测试而言，一般只有当反射系数大于 0.24 时，由反射波引起的质点位移的相对振幅才有意义[43]。

2.2.3 应力波的绕射

当 P 波射到空洞或裂缝边缘时便会产生绕射，绕射 P 波沿着以边缘末端为中心的柱面向前传播，图 2.4 为在裂缝边缘处的 P 波绕射示意图，绕射波标为 PdP。绕射 P 波在混凝土结构测试中起主要作用，若混凝土结构内存在缺陷，由于波的绕射，回波的走时会增加，在频谱分析中将表现为结构厚度主频向低频区的漂移[44]。

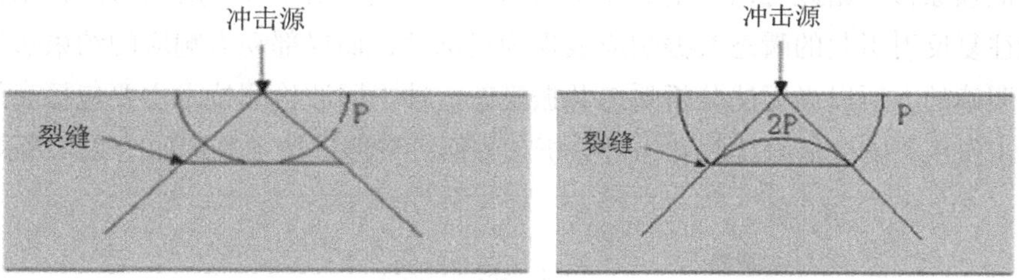

（a）P 波到达裂缝边缘前　　（b）裂缝界面的 P 波反射

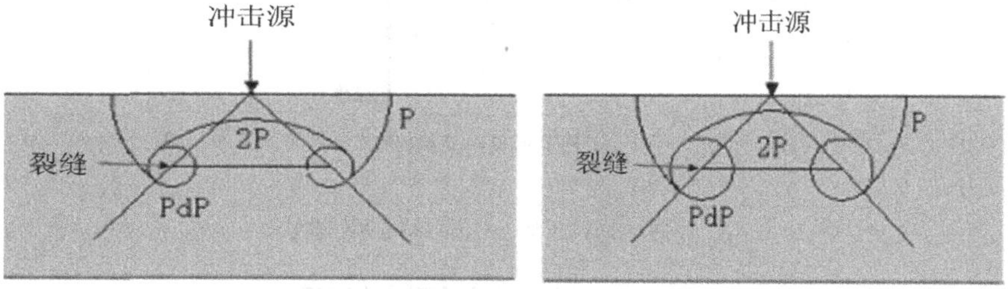

（c）从裂缝末端向外继续传播的绕射 P 波 PdP

图 2.4　在裂缝边缘处的 P 波绕射示意图

2.3　冲击回波法检测原理与方法

2.3.1 冲击回波法检测原理

冲击回波法是基于应力波在被测结构中的传播速度以及结构局部动力特性的变化来辨识结构内部有无缺陷的一种无损检测方法。该方法的基本原理是通过在被测结构表面用小钢球敲击来激发低频应力波，应力波沿半球波阵面向被测结构内部传播，当遇到结构底面边界或内部缺陷等介质波阻抗不连续的界面时会发生反射，反射回波到达结构表面会再次被反射进入结构内部，这样多次的往复反射将引起结构的局部瞬态共振，使波形具有周期性特征，通过频谱分析，将时间域内的反射信号波转化到频率域，找出频谱中表征结构厚度或缺陷深度的频率峰值等特征参量同混凝土质量之间的对应关系，从而达到无损检测的目的[45]。其中，由于P波的波速快、幅值大，在反射波中占主导地位，因此，冲击回波法利用的是P波引起的结构响应来进行缺陷识别。若混凝土结构内部存在缺陷，将会引起应力波传播路径和结构局部质量、刚度的变化，从而导致结构局部瞬态共振频率降低，在测试信号的频谱分析中将表现为厚度频率峰值向低频漂移，据此可以判定混凝土内部存在缺陷。由于激发的应力波在结构中的往复反射引起的瞬态共振响应表现为局部性，而局部动力响应的约束边界是不明确的，所以尚无法分析瞬态共振模态。冲击回波检测技术主要包括有效的冲击作用、响应信号接收和信号分析三方面。其测试技术流程如图 2.5 所示。

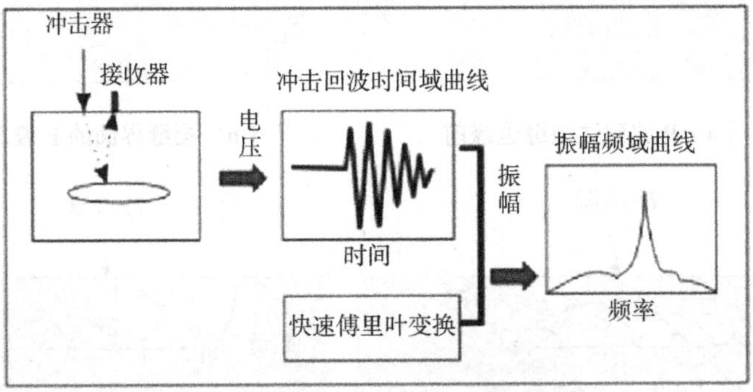

冲击回波在某一射面得到的频域曲线

图 2.5 冲击回波法检测技术流程

由 2.2.2 节所述，P 波在混凝土－空气界面或在混凝土－水界面的反射情况下，其反射回波的传播路径大致为被测结构厚度的 2 倍；再根据上述冲击回波法检测原理，用小锤或冲击器作为激振源在混凝土表面激发应力波，并用放置在冲击器附近的位移传感器接收反射回波，然后对接收的回波信号进行有效的频谱分析，得到混凝土结构厚度或缺陷深度频率，该频率即为 P 波往复反射引起的局部瞬时共振的波动频率，其倒数为反射回波的传播周期；若已知混凝土结构内部纵波的速度，则混凝土结构厚度或结构内缺陷深度可按下式计算：

$$H = \frac{\beta V_{\mathrm{p}}}{2f_t} \tag{2.6}$$

式中，V_{p}为P波传播的速度；f_t为频谱图中对应缺陷深度或结构厚度的频率峰值；β为结构形状系数[46]，对于混凝土板、墙结构，可取 0.96，对方形梁、柱结构，可取 0.87。

2.3.2 应力波的激发与传播

1. 应力波的激发与最大有效频率

应力波的激发是冲击回波法最重要的三个方面之一。早期的研究发现，钢球是一种非常有效、方便的冲击源。钢球产生的瞬态冲击作用可以近似的用半周期正弦函数表示[46]。此外，研究表明，冲击持续时间或冲击接触时长，近似为钢球直径的线性函数，而与冲击力的关系不大。直径为 D 的钢球，从距冲击面 h 的高度自由下落，则冲击持续时间 t_c 可近似表示为

$$t_c = \frac{0.004\,3D}{h^{0.1}} \tag{2.7}$$

考虑到 h 的取值为 0.2 ~ 0.4 m，因此 $h^{0.1}$ 为 0.85 ~ 1.15 m。这样冲击持续时间 t_c 与落高 h 的关系不大，可以忽略。从而可将冲击时间 t_c 简化为与钢球直径成简单的线性关系：

$$t_c = 0.004\,3D \tag{2.8}$$

冲击持续时间 t_c 是一个非常重要的参数，因为冲击时长决定了冲击作用所包含的频域范围，这对缺陷的有效检测起着决定性作用。研究表明，对于冲击回波测试，应力波的频率在 $1.25/t_c$ 以内，其振幅较为清晰，为有效应力波；而超过这个范围的高频应力波，由于其幅值较小，则难以引起有效的结构响应[46,47]。结合公式（2.8）我们可得到有效冲击能量的最大频率 f_{max} 与钢球直径之间的关系为

$$f_{max} = \frac{1.25}{t_c} = \frac{291}{D} \tag{2.9}$$

由此可见，钢球直径直接影响冲击持续时间 t_c 和最大有效频率 f_{max}。钢球直径越小，冲击作用时间就越短，应力波中有用振幅的频带就越宽，但因钢球的冲击能量小，因而应力波幅值减小，反之亦然。例如，6 mm 直径的钢球激发的最大有用频率为 47 kHz，而 16 mm 直径的钢球激发的最大有效频率仅为 18 kHz。图 2.6 分别表示 6 mm 直径钢球和 16 mm 直径钢球的冲击力—持续时间函数曲线。图 2.7 分别表示 6 mm 直径钢球和 16 mm 直径钢球激发产生的频率覆盖范围和最大有效频率（如图中阴影部分）。尽管小直径钢球能够激发高频段的应力波，但是其冲击能量小且所激发的高频应力波会因混凝土内部的不均匀性而发生较大的散射，因此在实际冲击回波测试中，最小有用钢球的直径应不小于 6 mm。

由于不同直径的钢球其冲击持续时间不同，因而会激发不同的脉冲频率。只有在激发频段能够覆盖结构厚度（缺陷）的理论峰频时，在频谱分析中才能

得到合理的反射频率峰值。因此，考虑到结构缺陷状况的未知性，在实际测试中，我们首先应根据在被测结构中的实测波速或频散曲线来确定其响应频率的大致范围，然后据此选择合适的冲击钢球，这样方能得到理想的频谱曲线。

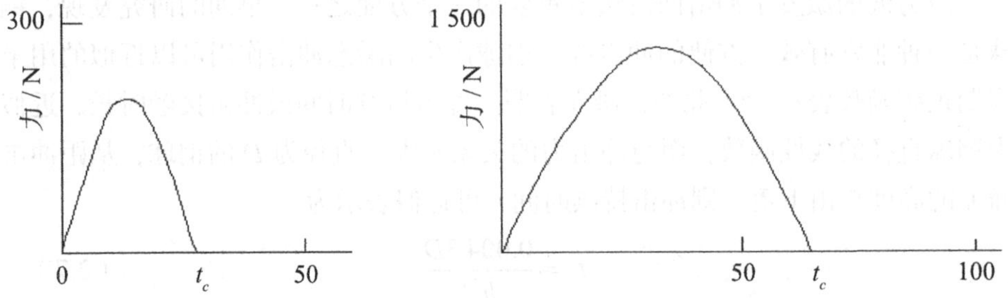

（a）球径 6 mm　　（b）球径 16 mm

图 2.6　冲击球的力—时间函数曲线

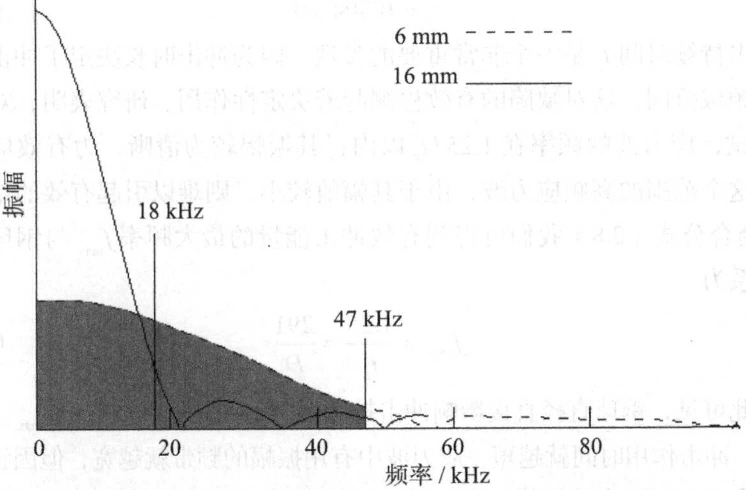

图 2.7　6 mm 直径钢球和 16 mm 直径钢球激发产生的频率覆盖和最大有效频率

2. 应力波的传播及有效波长

冲击回波法主要利用瞬时冲击作用产生的 P 波所引起的结构响应来识别结构内部缺陷。混凝土并不是一种理想的连续均匀介质，除了其骨料分布不均匀外，其内部还会含有微裂缝、气泡等小缺陷。研究证明：应力波在传播过程中遇到混凝土内部这些小缺陷时，若缺陷在垂直于应力波入射方向的最大尺寸小于应力波的波长，则应力波不会发生反射与衍射，而是直接绕射过去；当波长大于这些小缺陷或骨料尺寸的 2 倍时，应力波的传播几乎不受影响。在实际工程测试中，为了保证足够的冲击能量所采用的钢球直径一般应大于 6 mm，相应的有效 P 波波长大于 8 cm，这种混凝土的不均匀性难以对 P 波的传播造成干扰。尽管应力波波长越大在传播过程中受到的影响就越小，但是对于一定尺寸的目标缺陷，为使应力波能够在缺陷结构面上发生有效反射，这就要求冲击作用所产生的应力波的波长应不大于目标缺陷的横向尺寸，此外若应力波波长大于 2 倍缺陷深度，则周期性的反射应力波对测点造成的扰动将会叠加，导致信号频幅曲线中难以出现对应缺陷的频率峰值，从而无法定位缺陷深度。因此，采用冲击回波法检测混凝土缺陷时应综合考虑以上几方面的影响[47]。

2.3.3 有效波形识别与波速测定方法

1. 有效波形识别

波形是对被测结构在瞬时冲击作用下的响应特征的原始记录，它包括了冲击响应的所有信息，表现出来的形状特征足以让测试人员判断测试的记录是否有效。识别波形有效与否的关键是识别出 R 波初始特征。如果一个定义清楚的 R 波没有在波形的开始出现，信号筛选系统将会把信号将被定义为“不良”信号。一般情况下这些信号就会被去除。一般 R 波最显著的特点就是有个相对较深的向下弯曲，这是 R 波穿过传感器造成表面向下位移所导致的。这个弯曲的长度可以用来很好的估计冲击接触时间 t_c。图 2.8 为常见的 R 波的几个例子。R 波会造成小电压上升之前先大幅度下跌，上升是由 P 波和 S 波的波阵面到达造成的，因为 P 波和 S 波的速度比 R 波要快[46]。如图 2.8（c）所示的信号，它受到冲击的持续时间比图 2.8 中的（a）和（b）要短。

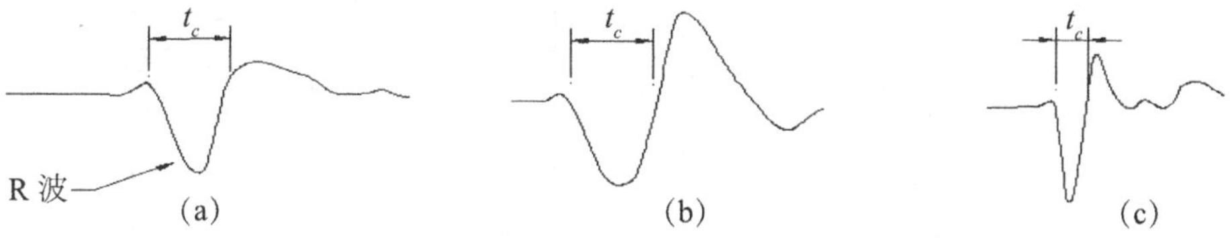

图 2.8　常见的 R 波波形

由于 R 波的冲击具有高能性，它可以被陡峭的垂直线分成若干段，因此传感器会从表面反弹并瞬间失去了接触。表面的不规则或者冲击点下造成的粉碎，一般会导致在 R 波圆形底面出现不规则的图形。如图 2.9（a）和（b）表示的就是分离的 R 波例子，（c）则显示了一个不规则的 R 波。分离的或者不规则的 R 波的出现并不意味着信号是无效的，但是警示着检测人员应该认真检查波形及其频谱，因为分离的 R 波经常会把与 P 波反射无关的高频率成分引入进来，因而在进行 P 波的振幅谱分析前，可将 R 波剪除，以减小其对频谱分析的干扰。

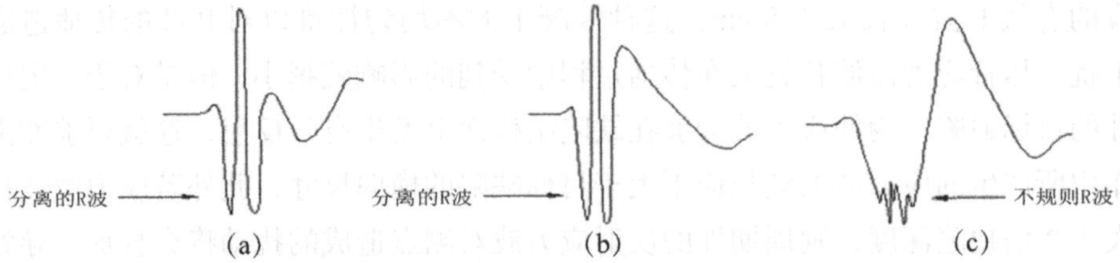

图 2.9　分离的和不规则的 R 波波形

测试中，出现无效波形是很普遍的现象。造成无效波形的原因很多，如粗糙的混凝土表面、传感器和表面之间接触不佳、测试中传感器发生移动等。常见的无效波形的特征如图 2.10 所示。图中，波形（a）是杂散电信号导致采集系统先于冲击波工作的结果；波形（b）是由手持式装置的移动引起的的应力波的干扰而产生的无效波形；波形（c）为外界的振动或冲击等引起应力波的干扰导致数据采集系统失灵而产生的无效波形。

目前常用的冲击回波测试仪器，如 Impact-E 测试仪，可以自动检查录入的波形是否具有有效冲击回波的波形特征，如果录入的波形被判定为无效波，则波形曲线会被显示成红色，同时发出“蜂鸣”提示音。测试时，对于信号波形的有效性，除了测试仪器自身的检测，还要靠现场测试人员根据经验逐条检查识别。

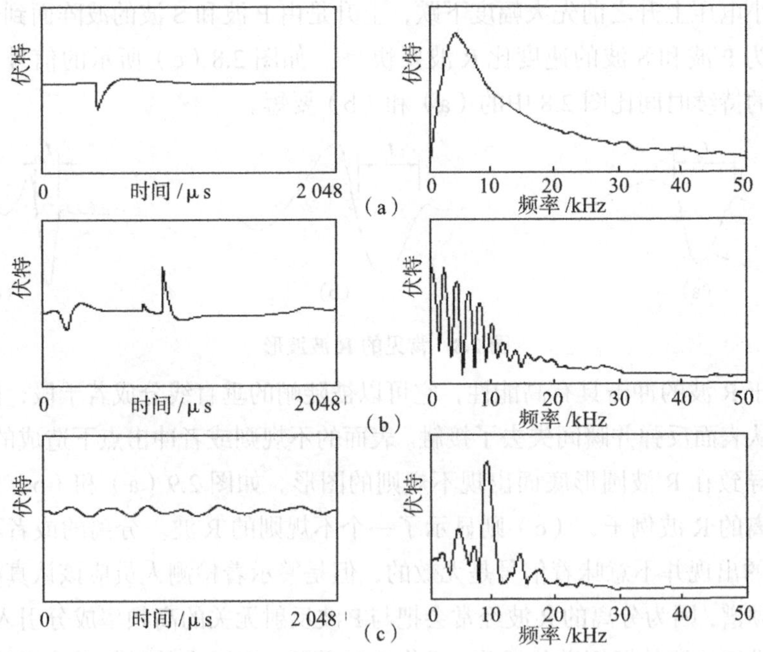

图 2.10　无效的冲击回波波形

2. 波速测定方法

P 波波速 C_p 可以通过两种方法测定：一是测量出 P 波在混凝土表面具有固定间距 L 的两个传感器之间的传播时间差 Δt，由公式 $C_p=L/\Delta t$ 确定，测试示意图如图 2.11 所示；二是在已知厚度的混凝土结构上进行冲击回波测试，测出结构的厚度主频。

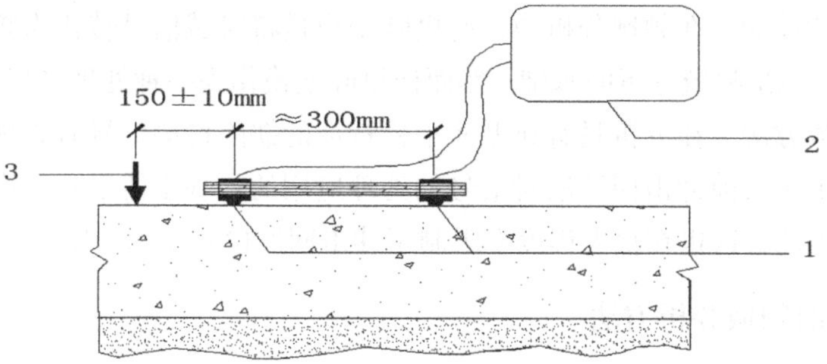

1—两个接收传感器；2—数据采集和分析系统；3—冲击源

图 2.11　混凝土波速测试示意图

测试时，测线布置应避开混凝土表面不平整区域，或采用辅助设备清洁混凝土表面，并尽量避免边界效应的干扰。

2.4　冲击回波测试的信号分析方法

信号分析的关键就是找到结构中存在缺陷时的信号与完好结构中的信号的不同。如果结构中存在缺陷，那么测试信号必会发生变化，根据信号的变化特征便可以判断缺陷是否存在以及缺陷的位置、大小等，因此在冲击回波检测时，对测试信号的有效处理是十分重要的。目前，信号处理技术主要有时域分析方法、频域分析方法、时频域分析方法等[48]。

2.4.1 时域分析方法

试验通常所获得的测试信号都是时域上的，时域信号记录了波的传播历史信息，包括导波的传播速度、衰减和频散信息等，人们可利用时域波形提供的各种信息如到达时间、上升时间、持续时间、信号的峰值、信号的能量等来判定缺陷情况。因此，时域分析方法是最直观、最简便的缺陷判定方法。但是，时域上的信息是很有限的，人们从中无法完全获得所需要的信息去判定缺陷的某些性质或大小特征等。

2.4.2 频域分析方法

频域分析方法是从另一个角度观察信号，以获得从时域上无法反映出的缺陷的性质或大小特征，以弥补时域分析方法的不足。频域分析是利用傅里叶变换对信号进行分解，并按频率顺序展开，使其成为频率的函数，进而在频率域中对信号的特征信息如频率分布、峰值频率、频段能量等作定量解释，以此来判断结构的性能。在频域分析中，傅里叶变换是将时域信号转化为频域信号的重要工具，也是频域分析的基础。然而傅里叶变换作为一种处理平稳信号的时、频域单参数方法，在分析具有典型非平稳特征的缺陷检测信号时表现出了一定的不足。由于目前冲击回波法对信号的处理应用的是基于傅里叶变换的频域分析方法，因此，这也在很大程度上限制了冲击回波检测技术的发展。

2.4.3 时频域分析方法

时频域分析方法是将时域信息与频域信息相结合的一种信号分析方法，主要包括短时傅里叶变换（STFT）、小波变换（WT）等。短时傅里叶变换同时反映了信号在时域上和频域上的特征，当激励信号存在高信噪比时，该方法有助于选择最优激励频率。但是，由于该方法采用固定的窗函数，窗口大小不可改变，这样往往无法同时在时域和频域上得到令人满意的精度。相对于短时傅里叶变换中固定的窗函数，小波分析则是利用一个可以改变的窗函数来表示分析信号，这样信号的全貌与细节的瞬时特性人们都可以观察到。小波分析的本质是采用一簇小波函数去表示或逼近被分析的信号，如果被测结构存在缺陷则可在小波离散后的细节突变上体现出来。小波变换是一种同时在时域上和频域上处理测试信号的有效方法。

2.5　冲击回波法检测的模型试验

为深入研究冲击回波法检测混凝土结构厚度与缺陷的检测机理及影响因素，根据实际工程中混凝土结构尤其是水工大体积混凝土结构常见的质量缺陷特征，人们精心设计制作了一系列混凝土模型试件，并基于应力波基本理论及冲击回波法测试原理，深入开展冲击回波法检测混凝土结构厚度及内部缺陷的试验研究，然后以此对冲击回波检测方法的测试能力与适用性进行试验验证，为下一步构建冲击回波法检测混凝土缺陷的智能速判模型奠定基础。

2.5.1 试验模型的制作

试验人员根据实际工程中混凝土结构常见的质量缺陷特征，严格按照现行的混凝土试验规程的基本要求，按常用配合比、成型工艺及配筋设计，制作了一系列包含不同类型缺陷及无缺陷的素混凝土和钢筋混凝土模型试件。其中，钢筋混凝土试件的测试面均按常见配筋设计配置钢筋，即钢筋直径 18 mm，间距 200 mm。

用于混凝土结构厚度测试的试件：制备了强度等级分别为 C20、C30、C40 的素混凝土和钢筋混凝土柱形模型试块各 3 块，试件几何尺寸（长 × 宽 × 高）分别为 30 cm × 40 cm × 50 cm、90 cm × 90 cm × 120 cm 和 120 cm × 36 cm × 50 cm，如图 2.12（a）所示。另一组钢筋混凝土板结构模型试件的强度等级为 C30，试件厚度分别为 10 cm、40 cm、50 cm、60 cm 和 70 cm，长度分别为 60 cm 和 70 m，高度分别为 100 cm 和 150 cm，如图 2.12（b）所示。这样，模型试件的混凝土强度等级为 C20 ~ C40，共 3 种强度；模型可测厚度范围为 10 cm ~ 120 cm，共 9 种厚度。此外，为探明龄期对厚度测试的影响，分别在不同龄期对各试块进行冲击回波测试。

（a）　　　　　　　　　　（b）

图 2.12　用于混凝土结构厚度及缺陷测试的试件

用于混凝土缺陷测试的试件：制备的钢筋混凝土模型试件的强度等级均为 C30，其中一组试件的几何尺寸为 300 cm × 70 cm × 150 cm，其内部设置了空洞和裂缝以及开口接缝，如图 2.13（a）所示；图 2.13（b）所示为 50 cm × 50 cm × 50 cm 的内部设置软弱夹层的试件，软弱夹层采用在混凝土中夹掺木屑的方式构造，此外，为研究钢筋设置与否对测试产生的影响，仅在试件的一端配置了钢筋。在如图 2.12（b）所示的试件中，除了用于混凝土厚度测试的无缺陷试件外，还制备了内部设置不同形状、埋深和内壁的空洞缺陷的模型试件，试件几何尺寸分别为 140 cm × 60 cm × 150 cm 和 205 cm × 70 cm × 150 cm 两种，其内部空洞缺陷的设置如图 2.14（a）所示。为了验证混凝土结构内部存在缺陷是否将引起结构厚度主频向低频区漂移，在图 2.13（a）所示试件中，分别设置了两个大小不同的空洞，在大、小空洞处，试件外侧面距内部剥离界面的厚度分别为 55 cm 和 42 cm，如图 2.14（b）所示；该试件中内部裂缝及开口接缝的设置如图 2.15 所示。

（a）　　　　　　　　（b）

图 2.13　用于混凝土结构缺陷测试的试件

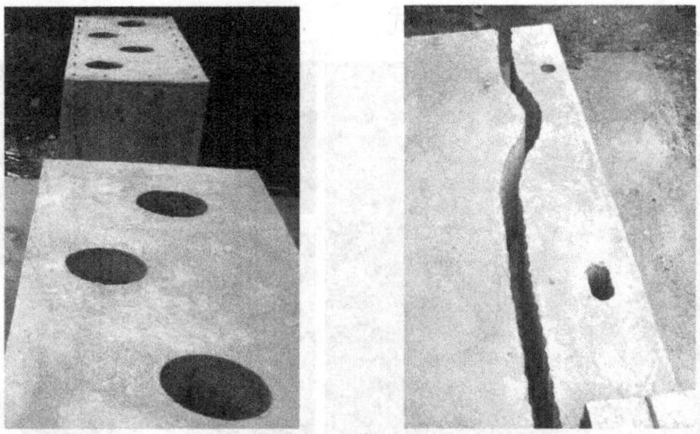

（a）　　　　　　　　（b）

图 2.14　试件内部空洞缺陷设置

图 2.15　试件内部裂缝及开口接缝设置

2.5.2 冲击回波测试系统

冲击回波测试系统包括冲击装置、收发传感器、数据采集装置、控制台。其中数据采集装置与控制台多为一体机，同时还应配备显示器，其用于完成应力波的激发，回波的接收、记录，并进行初步的数据处理。目前冲击回波仪按其操作方法不同可分为单点式和扫描式两种。

单点式冲击回波仪：顾名思义，其在使用时只能逐一测点敲击，采集完回波后，手动保存，然后将传感器移动至新的测点，如此往复。如图 2.16 所示为本书研究主要采用的美国英派科特（Impact-Echo）公司的 Impact-E 冲击回波测试仪。该仪器由冲击钢球、接收传感器以及信号采集与分析系统构成。冲击钢球有五种不同规格以满足不同条件下的测试需要，且其测试的原始数据可以导出以便进一步深入分析。

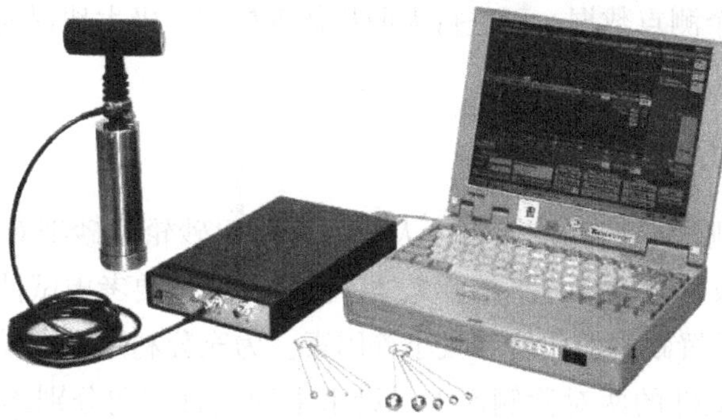

图 2.16　单点式冲击回波仪

扫描式冲击回波仪：仪器将收发传感器固定到小车之上，弹击锤以固定的距离及冲击能量冲击混凝土表面，能量均匀稳定；测试时仅需将小车沿预先布置好的沿线向前推进即可，小车滚轮每转动一周，小锤将完成一次锤击，测点均匀，仪器将自动记录每一次锤击所产生的回波，并完成初步的分析及形成初步的三维成像图形。如图 2.17 所示为美国奥尔森（Olson）公司生产的 IES 扫描式冲击回波测试系统。

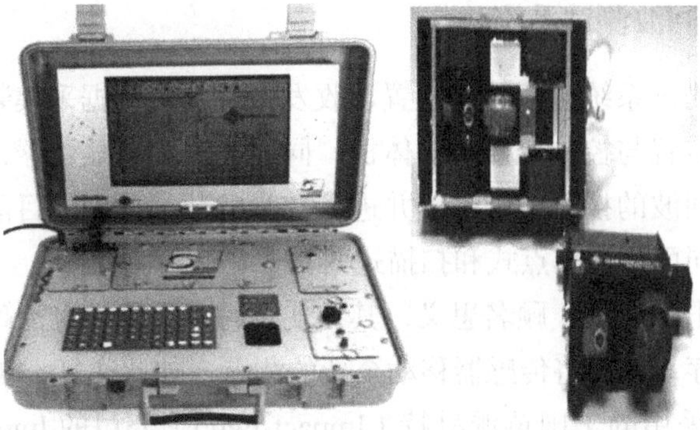

图 2.17　扫描式冲击回波仪

两种冲击回波仪各有优缺点，单点式冲击回波仪具有一对收发传感器，可以进行裂缝深度测试，但因其需要逐点测试，逐点储存，数据量庞大，工作效率较低；而扫描式冲击回波仪采用滚动传感器技术，每一小时可获得 3 000 ~ 6 000 个测点数据，可进行大面积普查检测，极大地提高了检测效率，但不能够检测裂缝深度。

2.5.3 测试方案

为了保证测试的精度及效率，人们往往使用砂轮或砂纸对模型试件的测试表面进行细致打磨，使其平整、光洁。测线布置主要考虑试件待测区域的大小及试件中所设置缺陷的位置和大小等因素。为充分利用现有模型采集更多的数据，在模型试件的两对称侧面上，沿水平和竖直方向分别均匀布置间距为 10 cm 的测线，由此构成测试网格点。由于不同直径的钢球会激发不同的脉冲频率，只有在激发频段能够覆盖结构厚度（缺陷）的理论峰频时，才能得到合理的反射频率峰值，因此测试时人们应根据被测结构厚度及其内部缺陷深度情况来选择合适的冲击钢球，同时对信号采集设置合适的增益值。为排除模型边缘效应及各缺陷间的相互干扰，测试时测点距试件边缘保持 20 cm 以上的距离或不小于结构实际厚度的 0.3 倍。测试敲击点布置在缺陷的轴向部位或近处，为减小 R 波的影响，对厚度大于 30 cm 的板结构，信号采样探头距敲击点的距离取 5 ~ 10 cm。

冲击回波仪的采样时长应设置在有效的范围内。若已知采样间隔为 Δt，样本数目为 n，那么系统将采用 n 个数据点来绘制波形图，记录时长为 $n\Delta t$，若太短，则不能记录到有用的波形。因此，采样频率与采样点数的设置必须保证在得到合适的采样分辨率基础上能够对最大响应频率的冲击回波信号进行记录。为提高测试精度，采样频率一般应大于 10 倍最高响应频率。在本书试验研究中，信号采样频率及采样点数分别设为 500 kHz 和 1 024 个采样点。

由于不同直径的钢球的冲击接触时间不同，因而会激发不同的脉冲频率。只有在激发频段能够覆盖结构厚度（缺陷）的理论峰频时，才能得到合理的反射频率峰值。因此，人们应根据被测结构厚度及其内部缺陷深度情况来选择合适的冲击钢球，同时对信号采集设置合适的增益值。此外，针对在测试中普遍存在的采样传感器探头接触状态不稳定及测试信号重复性差的问题，在本试验中一般采用在测点处敷贴铝箔的方法来增强探头的接触效果，以提高信号的采样质量（信噪比）。

2.5.4 测试成果与分析

1. P 波波速测试

对以上无缺陷的完好试件分别在 7 d、14 d、28 d、90 d 龄期进行 P 波波速测试。不同强度混凝土在不同龄期的 P 波波速值，如表 2.1。

表 2.1　不同龄期、不同强度等级混凝土的 P 波平均波速值（m/s）

强度等级 \ 龄期	7 d	14 d	28 d	90 d
C40	2 950	3 600	3 800	3 850
C30	2 800	3 500	3 750	3 790
C20	2 660	3 400	3 650	3 700

从表 2.1 我们可以看出，对于 28 d 前的早龄期混凝土，其 P 波波速受强度等级及龄期的影响相对较大；对于晚龄期混凝土，其强度和龄期对 P 波波速的影响不大。此外，测试结果表明混凝土内部配筋与否对波速无明显影响。

2. 混凝土厚度测试

（1）厚度测试结果与分析

据以上波速测试的结果可知，随着混凝土龄期的提高，P 波波速值会升高，即应力波传播、反射的速度会增大，但相应的反射周期会减小（频率会增大），根据公式（2.6），即 $H = \beta V_p / 2 f_t$ 最终得出的测试厚度值基本不变，由此可见混凝土龄期对测试结果无影响。本次试验对 28 d 以后的晚龄期混凝土试件进行厚度测试。测试结果：设计厚度为 10 cm、30 cm、40 cm、60 cm、70 cm 素混凝土模型试件，平均测试误差分别为 0.9%、0.9%、1%、1.2% 和 1.4%；设计厚度为 36 cm、50 cm、60 cm、70 cm、80 cm、90 cm 和 120 cm 的钢筋混凝土试件，平均测试误差分别为 0.3%、0.9%、1.3%、1.5%、2%、4% 和 16%。可以看出，无论是素混凝土还是钢筋混凝土试件，厚度在 100 cm 以下的测试误差较小，厚度在 100cm 以上的测试误差较大。

（2）厚度测试的影响因素

① 敲击钢球的大小。所选钢球的最大有用频率应包含被测结构的预估频率，并应保证所采波形的有效性，即所激振的应力波在介质边界的反射回波应能被传感器有效采集。

② 波速的测定精度。只有对 P 波波速进行精确的测定，才能根据其反射周期（频率）计算出精确的结构厚度。

③ 配筋的直径和间距。混凝土配筋会对波形采集造成干扰，但选择合适的激振装置便可以有效地减小干扰；此外，直径不超过 25 mm、间距不小于 200 mm 的普通钢筋对 P 波波速值并无大的影响，即可采用相同强度等级素混凝土的 P 波波速值评估具有常规配筋的钢筋混凝土构件的厚度。

（3）厚度测试的适用范围

测试人员采用冲击回波法对厚度为 10 ~ 120 cm 的模型试件进行了测试。结果表明：冲击回波法对厚度在 10 ~ 100 cm 的常见工程混凝土构件的测厚过程中均能较好适应，其特别适用于板厚为 10 ~ 60 cm 的薄板测厚；对于更厚一些的构件，由于混凝土为非匀质材料，内部存在着固有的微型孔洞或微缝隙，它们会引起冲击能量的快速衰减，测试时需要较大直径的钢球以获得较大的冲击能量，而 R 波的存在与较大震动带来的附加影响会导致信号采集困难，降低频谱分析的准确性，引起厚度测试值偏差较大，因而对于厚度尺寸超过 100 cm 的构件，不宜采用冲击回波法进行厚度测试。

3. 混凝土内部缺陷测试

（1）缺陷识别方法

冲击回波法检测混凝土缺陷主要受钢球冲击接触时长（决定所激发的有效应力波的频率）、被测缺陷的类型和大小、缺陷的深度等因素的影响。缺陷判断识别可分为缺陷存在性识别和缺陷深度识别。若测试部位内部没有缺陷，冲击钢球激发的应力波会直接传播到对称面的边界并被反射回来，在频谱图中只形成一个波峰；若测试部位存在内部缺陷，则一部分应力波因需要绕过缺陷而传播路径增大，相应的结构厚度频率较无缺陷体的响应频率会有所降低，即厚度主频向低频区域“漂移”，这是判断缺陷存在的主要依据。若频谱图中除了低频区域的厚度主频外，在高频区域还有一个显著峰值，则说明内部有空洞或裂缝缺陷；若高频区域有多个显著峰值，则说明存在不密实区。人们根据高频区域的峰值频率便可判断出缺陷深度。即使在频谱图中没有出现与缺陷深度对应的频率峰值，人们仅从结构厚度主频向低频漂移就可以判断缺陷的存在。

（2）缺陷测试结果与分析

1）内部空洞测试

对图 2.14（a）所示的一系列不同形状、大小及内壁的空洞缺陷进行测试，测试结果如表 2.2 所示，从中可以看出，20 cm 至 40 cm 埋深的中层空洞缺陷的测试结果较好。其中，埋深 30 cm、边长 20 cm 的方形光滑内壁空洞的测试信号的时域和频域波形（频域波形图为修剪和消除 R 波影响后的频谱图）如图 2.18 所示。从其频谱图中可看出，缺陷频率峰值为 6.8 kHz，且测定的 P 波波速为 3 790 m/s，根据公式（2.6），计算得到的测试深度为 29.3 cm，相对于 30 cm 的设计埋深，测试误差仅为 2%，由此可见冲击回波法特别适合检测这种中层缺陷。同时可以看出，由于内部缺陷的存在，使得反射回波绕行，在其频谱图上明显地表现出试件厚度主频向低频区“漂移”的情况。此外，在图 2.14（b）所示的大、小空洞处的外侧面分别布置测点，测试的厚度值分别为 72 cm 和 50 cm，这与测试位置至剥离边界的实际厚度 55 cm 和 42 cm 有一定偏差，且空洞越大，应力波在传递路径上绕径越长，厚度频率向低频区域的“漂移”量越大，因此厚度测试值偏差越大。

表 2.2　冲击回波法测试空洞缺陷埋深结果

—		20 cm 方形空洞				20 cm 圆形空洞			
空洞设置深度（cm）		10	20	30	40	10	20	30	40
测试深度均值（cm）	光滑内壁	31.8	19.7	29.7	38.8	27.7	20.8	31.5	37.6
	粗糙内壁	34.7	19.7	28.4	40.2	25.7	20.9	30.7	40.2
—		10 cm 方形空洞				10 cm 圆形空洞			
空洞设置深度（cm）		10	20	30	40	10	20	30	40
测试深度均值（cm）	光滑内壁	35.3	17.6	25.9	27.7	25.9	16.2	25.9	24.3
	粗糙内壁	20.4	16.9	29.9	24.3	35.3	16.2	25.9	14.9

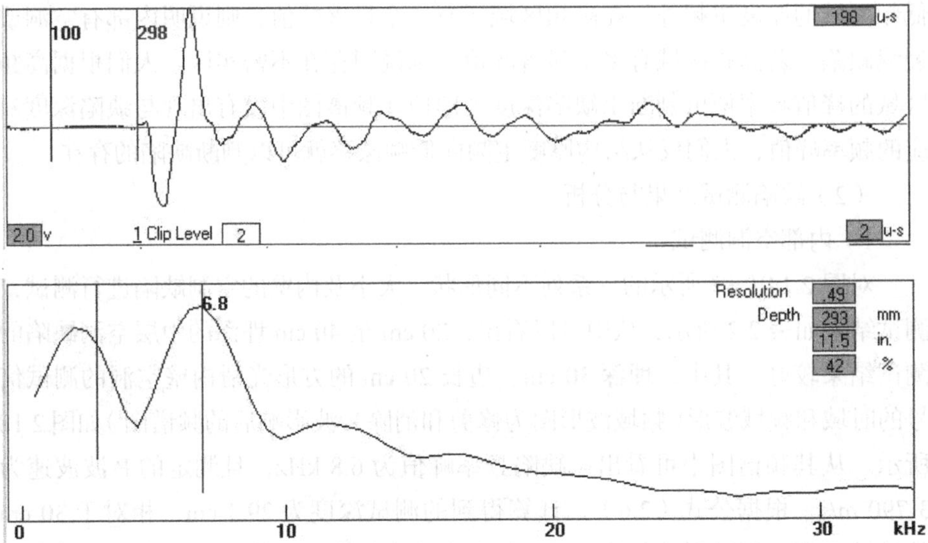

图 2.18　中层空洞缺陷（深度 30 cm、大小 20 cm）的时域和频域波形图

此外，从表 2.2 可以看出，所有 10 cm 埋深的浅表层空洞的测试值偏差均较大。其中，深度 10 cm，边长 20 cm 的方形粗糙内壁空洞的测试信号的时域和频域波形如图 2.19 所示。从其时域波形图可以看出，整个波形表现为大幅值、低频率的特征，且在其对应的频谱图中无明显的缺陷频率峰值，唯一一个 5.9 kHz 的小峰值所对应的计算深度为 34.1 cm，这与 10 cm 埋深的偏差较大。由于这种浅表型缺陷类似于“鼓”的结构，测试时会受到浅表层结构弯曲振荡的影响，即大幅值低频率信号在时域波形和频谱中占主导地位，而缺陷处的高频反射信号相对较弱。因此，在频域中难以发现缺陷频率峰值，即存在所谓检测“盲区”问题。由此可见，冲击回波法不适合检测这种浅表层缺陷。不过从其频谱图中可以看出，试件厚度频率峰值明显地向低频区域漂移，人们据此可以判断该试件内部存在缺陷。

在表 2.2 中，40 cm 埋深的 10 cm 尺寸的深层小缺陷的测试值偏差也较大。其中，深度 40 cm，边长 10 cm 的方形光滑内壁空洞的测试信号的时域和频域波形如图 2.20 所示。我们可以看出其频谱图中无明显的缺陷频率峰值，显示出的一个 12.7 kHz 的微小峰值所对应的深度为 14.9 cm，其与设计深度 40 cm 的误差显然较大。冲击回波法能检测出缺陷的前提是在缺陷结构面的反射信号能被传感器接收到，缺陷越深，其反射信号越弱，当缺陷深度达到缺陷横向尺寸的 4 倍时，传感器将难以接收到缺陷反射信号，因而无法得到确切的缺陷信息。由此可见，冲击回波法对这种深层小缺陷的测试结果不理想。

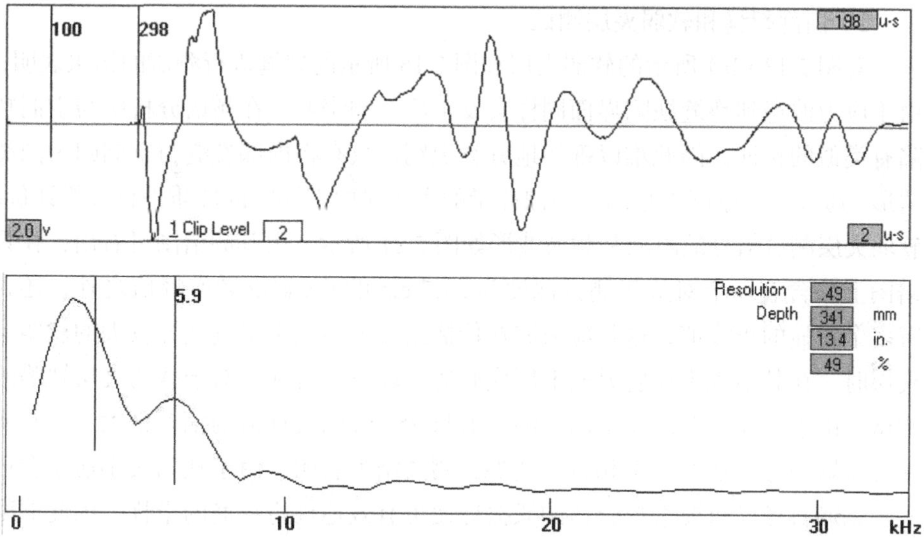

图 2.19　浅表层空洞缺陷（深度 10 cm、大小 20 cm）的时域和频域波形图

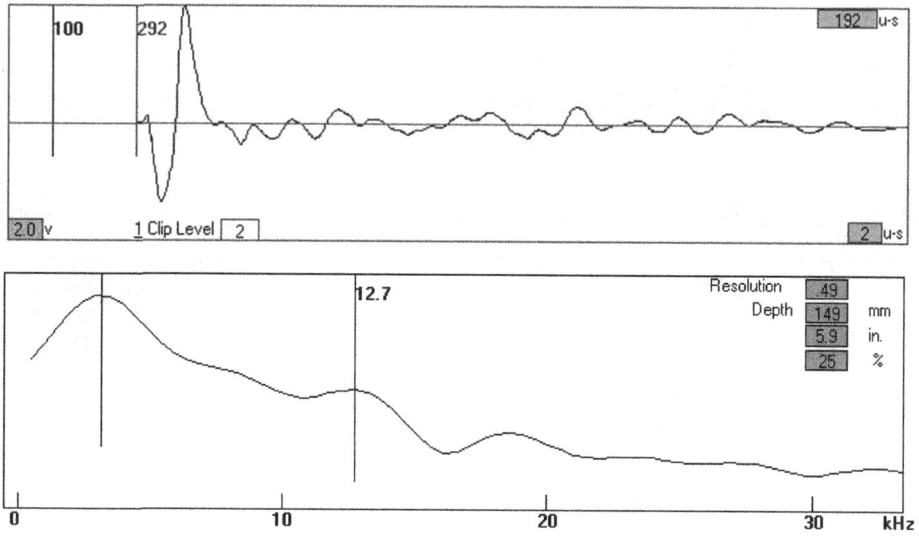

图 2.20　深层小空洞缺陷（深度 40 cm、大小 10 cm）的时域和频域波形图

同时可以看出，对方形空洞缺陷的测试比圆形空洞缺陷的测试精度稍高，这是方形空洞比圆形空洞的有效反射面大的缘故。此外，空洞缺陷的内壁光滑与否对测试结果基本无影响，而空洞的大小及深度是影响检测结果较明显的主要因素，由此可见，在模型试验中，将人工构造的光滑内壁空洞视为实际工程中的空洞缺陷进行分析是可行的。

2）内部裂缝和软弱夹层测试

对图 2.13（b）所示的软弱夹层和图 2.15 所示的裂缝进行测试的结果表明：由于应力波遇到裂缝缺陷界面同样会发生反射和绕射，在频谱分析中与空洞缺陷有类似的特征，因此难以确切地分类识别，只有将内部裂缝与空洞归为同类情形，通过结构厚度主频向低频漂移量的大小对内部缺陷的性质进行分析评价。软弱夹层测试信号的时域和频域波形如图 2.21 所示。由其频谱图可看出，在频谱图上除含有一个对应于测试深度为 27.7 cm 的 6.8 kHz 频率峰值之外，还含有多个明显的小峰值，这是应力波在传播路径上遇到声阻抗差异较大的软弱层夹层时，在其不规则反射界面上所应有的频域波形特征。对于软弱夹层缺陷的测试，由于存在复杂的反射面，测试值与 25 cm 的设计值的偏差稍大，但与实际夹层缺陷分布情况基本相符。此外，测试结果表明，由于缺陷大小通常会远大于钢筋直径，只要选择合适的激振球便可有效地规避钢筋的干扰，因此混凝土内部配筋与否对测试结果无明显影响。

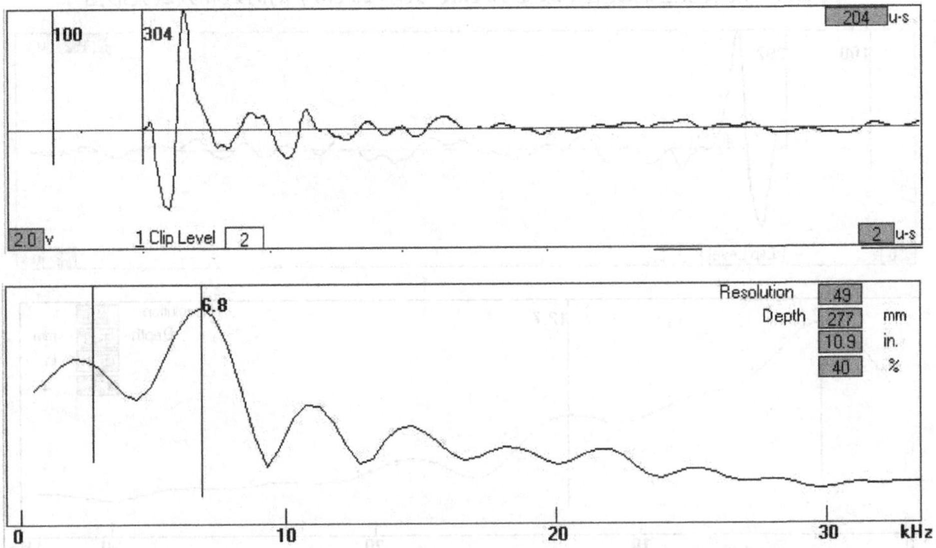

图 2.21　软弱夹层缺陷（深度 25 cm、横向贯穿设置）的时域和频域波形图

3）表面开口裂缝的测试

如图 2.15 所示，采用跨缝检测的方法进行测量可以较为准确的预估表面裂缝的深度，该方法测试的是裂缝相对表面的垂直距离，当缝深小于 50 cm 时，相对测试误差约为 5%。设计的 3 条非贯穿裂缝 f_1 ~ f_3，其中 f_1 设计缝深为 25 cm，实测缝深为 26 cm，相对偏差为 4%；f_2 设计缝深为 25 cm，实测缝深为 26.5 cm，相对偏差为 6%；f_3 设计缝深为 50 cm，实测缝深为 53 cm，相对偏差为 6%。采用本方法测试时，裂缝深度不应小于两接收传感器间的净距，传感器直径约为 5 cm，因此本方法不适用于深度小于 5 cm 的混凝土浅层龟裂深度的检测。

（3）缺陷测试的主要影响因素

1）结构及其内部缺陷几何形状的影响

冲击回波检测依赖于应力波在结构单元中的多次反射而激起的瞬时共振所产生的频率及转换形成的振幅谱，而频谱的分布特征会受到被测结构本身和结构内部缺陷的几何形状的影响。简单地说，不同几何类型的结构（板、柱、管道等）都其特有的振动响应[40]，鉴于此，在公式（2.6）中考虑了结构形状系数。此外，被测结构内缺陷的不同几何形状也会产生较大影响，如方形缺陷与圆形缺陷对应力波的反射具有显著的差异性。根据波的传播理论，圆弧形的反射界面在很大程度上减小了反射波能量，随着缺陷界面曲率的增大，应力波几乎完全绕射过去，而不发生反射现象。因此，对于实际测试时是否会出现缺陷频率峰值，人们应根据具体工程实际进行判断。

2）激振器选择的影响

由于不同直径冲击钢球的冲击接触时间不同，因而会激发不同频率的应力波。只有在激发频段能够覆盖结构厚度（缺陷）的理论峰频时，才能得到合理的反射频率峰值，即所激振的应力波在介质边界的反射回波应能有效地被传感器采集。理论上，直径越小的敲击球所激发的应力波频率的覆盖范围越宽。但是，敲击球越小，反射波信号会越弱，受混凝土内部不均匀性及配筋的影响会越大，散射会越严重，因而很难在缺陷结构面上产生有效的反射。因此，人们应根据被测结构厚度及其内部缺陷深度情况来选择合适的冲击钢球，以便使其激发的最大有用频率能够包含被测结构的预估主频率。

3）混凝土中钢筋的影响

相关研究表明，混凝土中普通钢筋的配置会对信号的采集产生干扰，当采用较小的钢球（冲击持续时间小于 30 μs）敲击配置普通配筋的混凝土结构的表面时，从钢筋处反射回来的应力波将在振幅谱中产生峰值，由前文可知，从混凝土 / 钢筋界面反射的特征波形与混凝土 / 空气界面反射的特征波形不同，且传感器测得的波的传播路径和时间会加倍，这样根据公式（2.6）计算的钢筋埋深会是实际埋深的 2 倍，因此钢筋处的反射往往会被错误地解释成 2 倍埋深处缺陷的反射。当冲击持续时间大于 30 μs（钢球直径大于 7 mm）时，振幅谱中钢筋的影响将显著减小。此外，只有当最小缺陷的尺寸大于钢筋的直径时才能被检测到，而在混凝土缺陷检测中，缺陷直径通常会大于或远大于钢筋直径，因此选择合适的冲击钢球，适当地加大冲击持续时间便能避开钢筋的影响。当然，这也在很大程度上限制了冲击回波所能检测到的最小缺陷。

4）击测间距及边界尺寸的影响

冲击回波测试时，冲击点位置与测试探头的间距应小于被测结构设计厚度的 0.4 倍，一般取 5 ~ 10 cm。若间距太小，受 R 波的影响会较大，且不便操作；若间距太大，反射回波的接收能量会降低且其传播路径会远大于 2 倍的结构厚度（或缺陷深度），因而按公式（2.6）所计算的结果会出现较大的偏差。结构边界对应力波的反射与缺陷反射波会叠加，因而会使设备接收到的波形更难分析与判断。为避免边界效应影响，测点或测区中的测线距被测结构边界尺寸不宜小于结构实际厚度的 0.3 倍。

（4）缺陷测试的适用范围

通过应用冲击回波法对设置不同内部缺陷的混凝土试件进行试验研究，其结果如下所示。

① 应用冲击回波法，对于直径 / 边长尺寸为 20 cm，深度分别为 20 cm、30 cm、40 cm 的圆 / 方形空洞，以及直径 / 边长尺寸为 10 cm，深度分别为 20 cm、30 cm 的圆 / 方形空洞缺陷，在测试信号频域分析中，厚度峰值和缺陷峰值较为明显，缺陷识别与定位准确。

② 直径 / 边长尺寸为 10 cm，深度为 40 cm 的圆 / 方形空洞缺陷，在冲击回波法频域分析中，无明显缺陷峰值，基本得不到缺陷信息。冲击回波法能检测出缺陷的前提是缺陷结构面的反射信号能被传感器接收到。当缺陷大小一定时，缺陷越深，反射信号越弱，传感器越不易接收，当缺陷深度达到缺陷横向尺寸的 4 倍时，缺陷的具体深度难以确定，而只能通过被测结构的局部瞬态共振频率的变化（厚度主频漂移）来判断缺陷的存在。

③ 对于深度为 10 cm 的各浅层空洞缺陷，冲击回波法识别结果较差。当缺陷横向尺寸大于缺陷埋深时，这种浅表型缺陷类似于“鼓”的结构，因而会受到浅表层弯曲振荡的影响，即大幅值低频率信号在波形和频谱中占主导地位，而在缺陷处的高频反射波相对较弱，因此在频域中难以发现缺陷频率峰值。这种无法检测的浅表缺陷问题可称为检测“盲区”问题。

针对冲击回波法在浅表层缺陷检测方面的不足，可考虑联合应用发射高频应力波的超声脉冲回波法来弥补。超声脉冲回波法采用超声脉冲激发高频应力波，这样的高频短波可在浅表层缺陷结构面上产生有效的反射回波，从而可根据反射回波来确定浅表层缺陷的位置。分别对图 2.12（b）中 60 cm 和 70 cm 厚的、内部含有不同埋深及大小的空洞缺陷的试件进行超声脉冲回波检测，从结果中我们可以看到，尽管超声脉冲回波法对 30 cm 以上埋深的空洞缺陷难以识别，但是对 10 cm 埋深的浅层缺陷的识别效果较好。

2.6　本章小结

冲击回波法与传统的超声波法相比，其最大的特点是冲击产生的应力波为低频波，有较长的波长，在非均匀的混凝土介质中传播时不会发生较大散射。此外，由于该方法利用的是反射回波，因此可以进行单面测试，且能够对内部缺陷定位。其基本原理是以冲击应力波的反射和绕射特性为基础，通过时域分析或频域分析来确定缺陷的位置及其他特征。据此原理，冲击回波法检测技术主要包括有效的冲击作用、响应信号接收和信号分析这三个方面。本章在已有研究成果的基础上，分别从应力波的基本特性和冲击回波法检测的基本原理出发，对上述方面进行了分析论述，并通过一系列的模型试验，对冲击回波法检测混凝土厚度和内部缺陷的识别方法、影响因素和适用范围等方面进行了系统的研究和总结。研究结果如下所示。

①混凝土龄期和强度对应力波的波速会有影响，但对于晚龄期混凝土，其强度和龄期对 P 波波速的影响较小，此外在使用公称直径小于 25 mm 的钢筋且其配置不密集的情况下，混凝土的内部配筋对冲击回波测试结果基本无影响。

②空洞缺陷的内壁光滑或是粗糙对测试结果的影响不明显，缺陷的大小和深度才是影响检测结果的主要因素，因此在模型试验中将人工构造的光滑内壁空洞视为实际工程中的空洞缺陷进行分析是可行的。

③采用冲击回波法测试混凝土构件内部缺陷时，为避免试件边界对测试的影响，测点距构件边界的距离应大于构件厚度的 0.3 倍。

④冲击回波法一般在 10 ~ 60 cm 厚度范围内能较好地工作，因此特别适用于板厚为 10 ~ 60 cm 的薄板测厚，而对于厚度尺寸超过 100 cm 的构件，则适用性较差。

⑤混凝土内部存在缺陷，则应力波因要绕过缺陷而使传播路径增大，相应的结构厚度频率会表现出向低频区域漂移的特性，且缺陷尺寸越大漂移越明显，这可作为判断混凝土内部存在缺陷的主要依据。

⑥冲击回波法对横向尺寸与深度的比值小于 1/4 的深层缺陷及深度小于 10 cm 的浅层缺陷的识别结果均较差，即冲击回波法对浅层缺陷和深层小缺陷的测试结果不理想。对于浅层缺陷，可选用超声脉冲回波法检测。

本书此次开展的试验研究工作主要针对 90 d 龄期内的设计强度等级为

C20 ~ C40、粗骨料为 40 mm 以下的碎石的普通混凝土，对于大粒径碎石集料混凝土、高强混凝土以及长龄期混凝土等的冲击回波检测试验研究尚待进一步开展。此外，对于只具备单一检测面的混凝土结构，冲击回波法是目前最为有效的无损检测方法，在其适用范围内能够得到较好的检测结果，但是该方法在测试能力上尚存在一定的局限性。目前，单点式冲击回波仪的检测效率较低，不适合大范围连续检测，虽然扫描式冲击回波仪通过采用滚动接触式传感器实现了连续检测，提高了测试效率，但是由于传感器与测试面是滚动接触，它们之间的耦合状态会相对变差，因而测试的范围和精度自然会降低。此外，对冲击回波测试信号进行合理分析并有效地提取信号的特性信息一直较为困难，也最为关键，但传统的以 Fourier 变换为基础的信号处理技术在处理非平稳信号时存在较大不足，这在很大程度上限制了冲击回波技术的应用推广。近年来，以小波分析、人工智能技术为代表的信息处理技术逐渐成为进一步提高冲击回波法检测与识别精度的一条有效途径。

第 3 章　混凝土结构冲击回波响应的有限元仿真分析

3.1　概　述

冲击回波法与超声法相比，其最大的特点是冲击产生的应力波是低频波，受混凝土材料以及结构状况的差异性影响较小，在非均匀的混凝土介质中能顺利传播而不会发生较大散射，能够在缺陷结构面上产生有效反射波，人们从而可根据反射回波来确定缺陷位置。因此，冲击回波法在混凝土缺陷检测上更具优势。研究冲击弹性应力波在混凝土介质中的传播及波场与缺陷体相互作用的规律，对完善冲击回波法检测理论和提高混凝土缺陷检测与识别精度具有重要的意义。对冲击回波法通常采用物理模型试验的方法进行研究，但由于混凝土缺陷的复杂性，模型试件的制作较为困难，复杂缺陷模型的制作往往难以达到预期效果或根本无法进行，而且模型制作的成本高，无法制作大量的模型试件，因此在物理模型试验的基础上，结合数值仿真试验，可以对混凝土缺陷的检测与识别研究起到极大的辅助作用。波场数值仿真分析作为研究应力波在混凝土介质中的传播规律及影响因素的重要方法，能够让由瞬时冲击产生的应力波在结构中传播这一抽象的过程变得形象可观，仿真分析结果能直观地显示混凝土介质中应力波传播的运动学和动力学特征，人们由此可加深对波场传播机理与波场特征的认识和理解。

目前，冲击回波法作为一种新兴的无损检测方法，其相关研究文献较少，尤其是对冲击回波法检测混凝土缺陷进行数值仿真分析的文献更为鲜见。本书在已有研究成果的基础上，从工程实际出发，采用理论分析、数值模拟和模型试验相结合的方法，基于 ADINA 有限元分析软件，建立三维有限元模型，运用动力有限元分析理论，对用冲击回波法检测混凝土缺陷尤其是复杂缺陷的检测过程进行数值仿真试验。同时，人们根据实际工程中混凝土结构常见的质量缺陷特征，按照现行的混凝土试验规程的基本要求，选用本地区常用的原材料，按常规 C30 混凝土的配合比、成型工艺，精心设计制作了一系列包含不同类型缺陷及无缺陷的混凝土模型试件。通过数值仿真与物理模型试验数据的对比分析，试验验证了有限元模型的有效性及数值仿真分析方法的适用性和可行性。研究结果表明，将模型试验和数值仿真相结合，深入研究弹性应力波在混凝土介质中的传播规律及影响因素，将有助于进一步提高冲击回波法检测混凝土缺陷的精确度和可靠性。

3.2 数值仿真要件分析

3.2.1 分析单元的选择与网格离散

选择合适的建模单元是成功分析的重要前提。大型有限元分析软件 ADINA 提供了丰富的单元库，可以用于各种结构非线性问题的模拟。本书基于 ADINA 程序，采用专门用于混凝土结构分析的混凝土材料单元模型来模拟瞬时冲击作用下混凝土结构的动力响应及应力波在结构中的传播等非线性力学行为。该本构模型可以模拟混凝土最基本的材料属性，是真正面向工程的、简单实用的一种混凝土单元模型[49～52]。此外，单元网格的划分对于有限元分析是至关重要的。一般而言，单元网格尺寸越小，计算结果越精确，但计算效率也随之降低。因此，最佳单元尺寸应是满足分析需要的单元最大尺寸，它由模型的几何形状及荷载类型等因素决定。

在冲击回波检测中，结构在瞬时冲击作用下的响应表现为应力波在结构中的传播及由波的传播所激发的局部共振响应。由于接收到的响应信号主要是由 P 波所引起的，因此单元尺寸的选取既要满足对 P 波波动效应的刻画，还必须足够精确地刻画出局部共振模态振型。因而，冲击回波的有限元模拟对网格划分有较高的要求，不仅对网格的尺寸有严格的要求，而且要求划分后的模型网格必须规整。此外，在进行波场数值模拟时，对采样时间、空间步长、介质最大纵波速度的选取需要进行严格控制，否则计算结果不稳定。为了保证计算的收敛和计算精确，要求单元的最大尺寸 l_{max} 应小于最短波长 λ_{min} 的 1/20[53]。一般情况下，最小有效冲击钢球直径为 6 mm，若波速取为 4 000 m/s，可计算出其激发的最小有用 P 波波长为 82 mm。对于非薄板结构，其计算荷载一般取直径在 6 mm 以上的钢球所激发的冲击荷载，因此单元网格尺寸可取为 5 mm。

为了生成规则的六面体单元，网格划分方式采用扫掠划分。由于冲击回波法中板结构在瞬态冲击作用下表现为局部响应，依据结构简化原理[54]，设板厚或缺陷埋深为 T，则计算模型的尺寸可取为 $2.5T\times2.5T\times T$。

3.2.2 冲击荷载及边界条件

模型建立起来后，还需要定义合理的荷载类型与约束条件才能进行计算分析。冲击动荷载最大的特点就是载荷是随时间变化的，因此结构在动载荷作用下的响应表现为时程曲线。钢球冲击荷载的力—时间曲线可视为是半周期正弦函数[55]，其表达式为

$$F(t)=\begin{cases}F_{\max}\sin^{1.5}(\dfrac{\pi}{t_c}t) & 0\leqslant t\leqslant t_c\\ 0 & t\geqslant t_c\end{cases}\tag{3.1}$$

式中，$F(t)$ 表示瞬时冲击力；$F_{\max}$ 为最大瞬时冲击力，可根据钢球的大小取值，通常取 100 ~ 500 N；t_c 为冲击力作用时间，即钢球与混凝土表面接触时间，根据公式（2.8），可近似取 0.004 3D（s），D 为钢球直径（m）。

为简化计算，可将钢球冲击力等效为点荷载或局部面荷载施加在模型网格节点或单元面上。采用冲击回波法进行结构无损检测时，主要利用结构在瞬态冲击作用下的测点的动力位移响应来识别结构内部完整性。考虑结构在冲击作用下表现为线弹性动力响应，而重力作为一种静力恒载不会对结构动力响应产生影响，因此计算时可不考虑重力作用。

此外，模型简化会引起模型尺寸缩减，当应力波传播至简化模型侧面时，将会发生反射，这显然不符合结构实际响应。为了避免模型侧边界反射回来的应力波对冲击回波响应造成过大的影响，对于板状模型来说，其横向尺寸一般需要在板厚的五倍以上，这势必会大大增加计算的负担。因此，有必要在模型的有限域侧面施加无反射边界条件来模拟无限域。本书应用等效三维一致黏弹性边界单元模拟无限域效应。另外，对模型施加值为 0.000 1 的刚度阻尼系数，以抑制节点非真实的高频振荡[57,58]。

3.2.3 模型材料参数

冲击回波测试时，冲击钢球激发的应力波的有效频率较低，波长较大，加之混凝土结构的应变响应也很小，因此可以忽略混凝土内部粗骨料及各接合面等非均匀性因素对应力波的影响，分析时可将混凝土材料视为匀质的线弹性各向同性材料[59]。取 C35 混凝土材料，参照《混凝土结构设计规范（2015 年版）》

（GB 50010—2010）附录 2，其力学性能指标取为：弹性模量 E=30 GPa，泊松比 μ=0.18，重度 ρ=2 400 kg/m³，轴心抗拉强度标准值 f_t=2.2 MPa，轴心抗压强度标准值 f_c=23.4 MPa。事实上，冲击回波法检测原理是通过对比有缺陷响应信号相对于无缺陷响应信号的变化来判断结构的完整性，基于这种对比判定原理，混凝土材料参数设置在一定范围内的偏差并不会影响数值模拟的可行性。

3.3 数值仿真与分析

本书设计构建了一系列有缺陷和无缺陷的混凝土板结构有限元模型。通过对不同模型的冲击响应特征和波场快照的分析，加深了对冲击回波法检测的波场传播机理与波场特征的认识和理解。此外，分析结果进一步验证了利用冲击回波法检测混凝土结构的波场进行有限元数值模拟的适用性和可行性。

3.3.1 无缺陷混凝土板结构

测试人员在软件中建立了长、宽均为 600 mm，厚为 200 mm 的混凝土板结构模型，材料性能参数按前文取值。单元网格尺寸取为 5 mm，计算模型的单元总数为 72 000 个，结点总数 78 141 个。整个模型采用笛卡尔坐标系，三维有限元模型如图 3.1 所示。在板顶面中心的单元位置施加相当于直径 11 mm 的钢球所激发的半正弦曲线冲击荷载，荷载峰值为 200 N，持续时长为 50 μs，荷载曲线如图 3.2 所示。

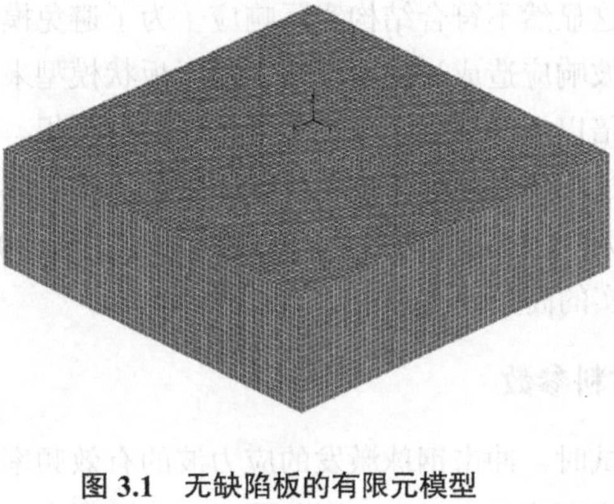

图 3.1　无缺陷板的有限元模型

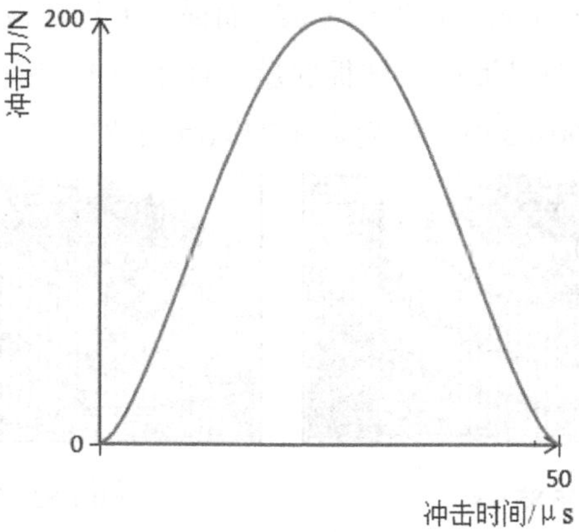

图 3.2　冲击荷载时程曲线

通过分析模型随时间变化的应力等值线图可以观察应力波的传播情况，图 3.3 为从模型顶面观察应力波在混凝土介质中的传播情况，从图中我们可以清晰地看到应力波从顶面中心向外规则传播，传播过程表现出良好的对称性。

图 3.3　应力波由冲击点向四周对称传播

为了更好地观察应力波在混凝土板内部的传播情况，将模型在冲击点附近进行切片显示，如图 3.4 所示。从图中可以看出，体波的传播速度明显大于面波，其中 P 波的传播速度最快，首先到达底部并被反射回来。图 3.4 中(a)(b)和(c)分别为混凝土板在 55.85 μs、82.53 μs 和 114.60 μs 时刻的应力云图。55.85 μs

时，纵波到达混凝土板底部，且为压缩波，而横波大约在板的中部；82.53 μs 时，横波到达板底部，此时纵波已经被板底反射回来向上传播至板中部位置，且已经转为拉伸波；114.60 μs 时，反射回来的纵波到达板的上表面。

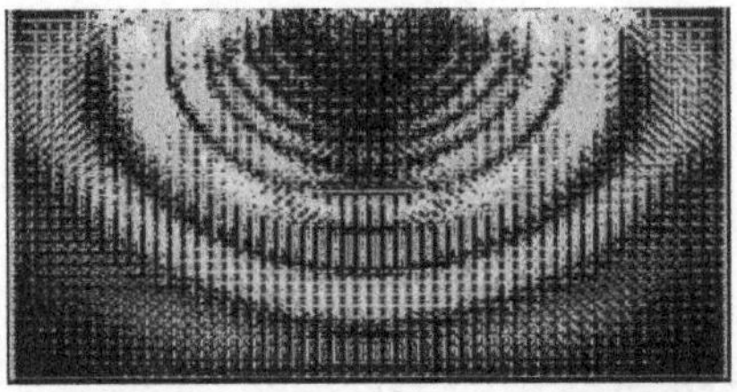

（a）55.85 μs

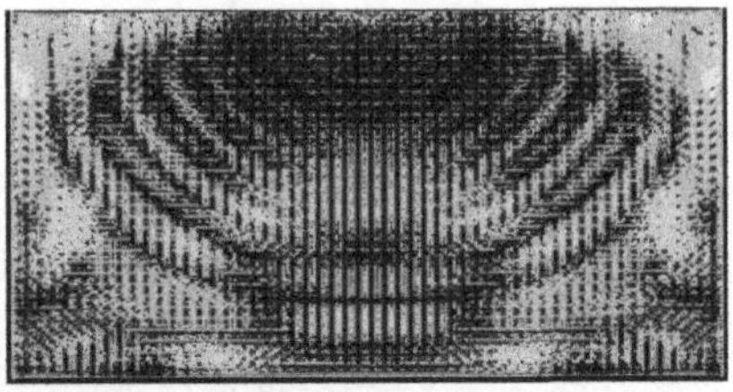

（b）82.53 μs

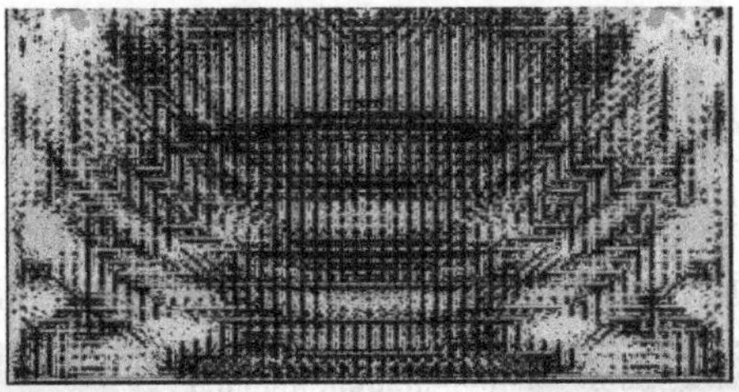

（c）114.60 μs

图 3.4　混凝土板内部应力等值线图

根据在有限元模型的材料力学参数中设置的混凝土弹性模量（E）、泊松比（ν）及质量密度值（ρ），由公式（2.1）可计算出纵波的波速约为 3 700 m/s。纵波从混凝土板上部测试面到达混凝土板底部后再反射回测试面所用的时长，即反射周期为 114.60 μs，则混凝土板厚对应的纵波峰值频率为 8.73 kHz。由公式（2.6）可以计算得到混凝土板厚为 203.5 mm，这与混凝土板的实际厚度 200 mm 非常接近。

将有限元模型上表面冲击点附近的某一结点的冲击回波响应时程波提取出来，并对之进行快速傅里叶变换得到相应频谱曲线，如图 3.5 所示。波形图中显示了 1 000 μs 内的冲击回波响应波形。在其频谱图中可以清楚地看到，只有一个显著的峰值，即厚度频率峰值出现在频率为 8.53 kHz 处，据此，由公式（2.6）可以计算出冲击回波检测的板厚为 208 mm，这与实际板厚 200 mm 较为接近。由此可见，有限元仿真计算结果与理论计算值之间的差异在合理偏差范围内。

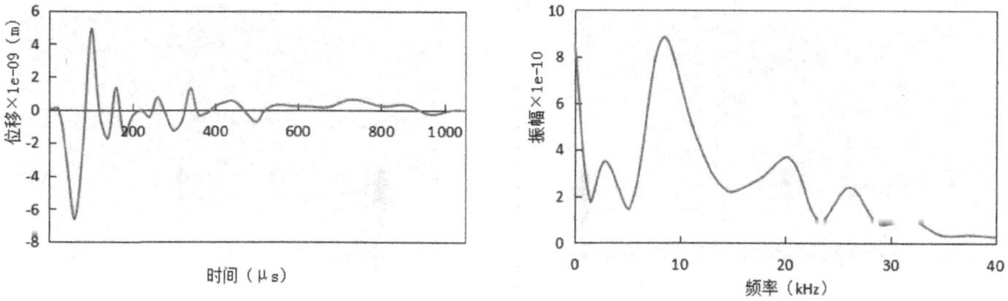

（a）波形图　　（b）频谱图

图 3.5　无缺陷混凝土板的冲击回波响应

由于有限元数值仿真，尤其是动力有限元仿真计算，通常难以准确地设置结构阻尼参数及完全符合实际的边界条件，而工程实测信号一般通过滤波功能已将较低及较高频段内的信号滤除，因此有限元数值信号与工程实测信号在较低频段范围内存在较大差异，实测信号在较低频段内的频率幅值趋近于零，而数值信号频率幅值在较低频段内则呈陡增趋势，如图 3.5（b）所示。因此，为了减小特征偏离，通常将数值仿真响应信号在较低频段内的频率幅值取为零，以重构数值信号。此外，较高及较低频段范围内的信号对特征识别没有帮助，因此，人们可根据分析的需要对响应频幅曲线进行合理的截取，以凸显信号特征[54]。

3.3.2 有缺陷混凝土板结构

在测试时我们建立了 3 组长为 1 000 mm、厚为 600 mm 的有缺陷混凝土板结构有限元模型，板内分别设置裂缝、方形空洞和圆形空洞三种缺陷。裂缝长度、方形空洞边长、圆形空洞直径均取为 100 mm，裂缝的宽度为 5 mm。对模型施加冲击荷载并提取附近结点的时程波以进行冲击回波测试试验，测试可分别从模型试件的两个对称侧面上进行，各缺陷的可测试深度分别为 100 mm、200 mm、300 mm 和 400 mm。材料性能参数按“3.2.3 模型材料参数”取值，单元网格尺寸取为 5 mm。其中，埋深为 200 mm 各缺陷的有限元模型如图 3.6 所示。在板顶部中心位置单元上施加半正弦曲线冲击荷载，荷载曲线如图 3.2 所示。图 3.7 为各缺陷板内部应力波的传播特征。从图 3.7 中我们可以看出，应力波在遇到以上三种缺陷的结构面时都有反射和绕射的现象。其中，方形空洞的反射和绕射幅度最大及现象最为明显，裂缝其次，圆形空洞最小，这是由于裂缝与方形空洞的横向反射面相同，所以它们的冲击回波响应相近，而圆形空洞的反射面是曲面，与方形空洞和裂缝的平面反射面相比，其对应力波反射的能力会降低。

（a）方形空洞

（b）裂缝

（c）圆形空洞

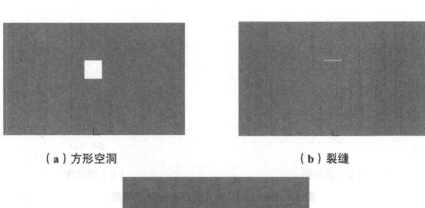

图 3.6　不同缺陷板的有限元模型

（a）方形空洞

（b）裂缝

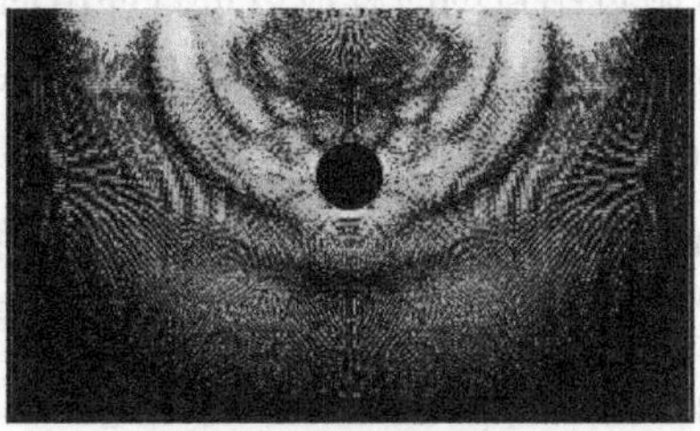

（c）圆形空洞

图 3.7　不同缺陷板内部应力波的传播特征

现将其中含有圆形空洞缺陷的有限元模型的测试面上一结点的冲击回波响应提取出来，并对之进行快速傅里叶变换（FFT）得到相应频谱曲线，如图 3.8 所示。波形图中显示了 1 000 μs 内的冲击回波响应波形。在其频谱图中，低频段内有一个显著的板厚频率峰值，对应频率为 2.64 kHz，此外在高频段内还有一个突出的缺陷深度频率峰值，对应频率为 9.20 kHz。由此，根据公式（2.6），可分别计算出板厚为 672 mm 和缺陷深度为 193 mm，这与板厚 600 mm 和缺陷埋深 200 mm 的实际值相差不大。

根据公式（2.6），600 mm 厚的无缺陷板，其理论厚度主频为 2.96 kHz，而上述有缺陷板的计算厚度主频为 2.64 kHz，可见，缺陷的存在会使板厚度主频向低频漂移。这是由于板内存在缺陷，应力波需要绕行缺陷，这使得应力波在板底和板顶之间往复反射的路径增多，反射周期变长，根据冲击回波法测试原理，则其在板内激发的局部瞬时共振频率会降低，此外，缺陷的存在也会使板结构自身的刚度有所下降，其自然频率将相应降低，从而最终在频谱图中表现出厚度频率向低频漂移，且缺陷横向尺寸越大，漂移量会越大。以上有限元数值模拟结果与应力波传播基本理论及模型试验结果是一致的。

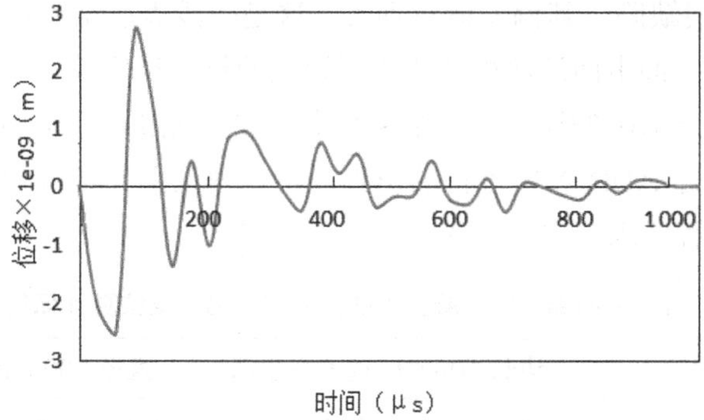

（a）波形图

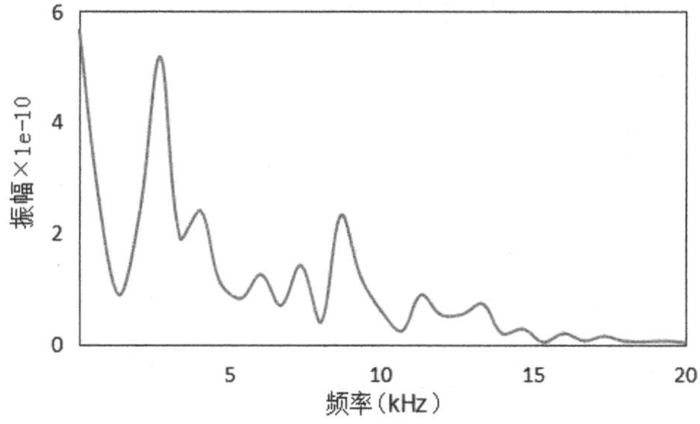

（b）频谱图

图 3.8　含有圆形空洞缺陷的混凝土板的冲击回波响应

从以上分析可知，由于裂缝与方形空洞的横向反射面相同，所以它们的冲击回波响应差别不大。于是，我们仅对含有方形和圆形空洞缺陷的混凝土板进行冲击回波响应分析。由含有 100 mm 大小空洞缺陷的有限元模型计算得到的板厚频率和缺陷深度频率以及由公式（2.6）计算得出的各自的理论频率和两者的频率偏差或漂移如表 3.1 所示。

从表 3.1 可以看出，由于板内空洞缺陷的存在，板厚频率均向低频漂移，总体上看，方形空洞比圆形空洞引起的漂移量大些，而缺陷的埋深对板厚频率的影响不大。由此可见，若试件厚度频率峰值向低频区域漂移，即若试件厚度计算值偏大，我们就可以据此判断该试件内部存在缺陷。此外，计算得到的缺陷深度频率值都比其理论值小，且圆形空洞比方形空洞的偏差值稍大，这种偏差除了受缺陷形状的影响外，还取决于缺陷横向尺寸与其埋深的比值，当缺陷深度超过缺陷横向尺寸的 3 倍，偏差会陡然增大，同时可以看出，深度小于 100 mm 的浅表层缺陷，其偏差值特别大，这是受浅表层结构弯曲振荡的影响所致。由此可见，冲击回波法检测浅表层缺陷的检测精度较低。这与前文冲击回波法检测混凝土缺陷的模型试验结果基本一致。通过以上实例可以说明，利用动力有限元程序 ADINA 所进行的仿真分析在理论上具备可行性，模拟精度能够满足实际工程要求。

表 3.1　有内部缺陷混凝土板的板厚和缺陷深度仿真计算值

板厚（600 mm）	边长 100 mm 的方形空洞				直径 100 mm 的圆形空洞			
缺陷深度 /mm	100	200	300	400	100	200	300	400
理论板厚频率 /kHz	2.96	2.96	2.96	2.96	2.96	2.96	2.96	2.96
计算板厚频率 /kHz	2.57	2.52	2.55	2.59	2.66	2.64	2.63	2.67
板厚频率漂移率 /%	13.18	14.86	13.85	12.50	10.02	10.81	11.12	9.86
板厚计算值 /mm	691	704	696	686	668	673	675	665
理论缺陷深度频率 /kHz	17.76	8.88	5.92	4.44	17.76	8.88	5.92	4.44
计算缺陷深度频率 /kHz	7.22	9.18	6.30	5.01	8.95	9.20	6.43	5.30
缺陷深度频率偏差 /%	59.35	-3.37	-6.42	-12.84	49.61	-3.60	-8.61	-19.37
缺陷深度计算值 /mm	246	193	282	355	198	193	276	335

3.4　物理模型试验验证

3.4.1 模型设计制作

为了验证数值模型及其分析结果的合理性，并深入研究冲击回波法检测混凝土结构厚度与缺陷的检测机理及影响因素，本书严格按照现行混凝土试验规程的基本要求，选用工程中常用的原材料，按常规 C35 混凝土配合比及成型工艺，设计制作了一系列含有不同类型、性质缺陷以及无缺陷的模型试件，如图 3.9 所示。试件厚度为 100 ~ 700 mm，长度分别为 600 mm 和 2 500 mm，高度分别为 1 000 mm 和 1 500 mm。内部缺陷包括不同尺寸和埋深的圆形空洞、方形空洞、裂缝及非密实体。应用冲击回波法对这些模型试件进行检测试验，测试可分别从试件的两个对称侧面上进行，可测试缺陷深度分别为 100 mm、200 mm、300 mm、400 mm。图 3.10 为现场测试及所用的冲击回波测试仪器。

图 3.9　用于混凝土结构厚度及内部缺陷测试的试件

图 3.10　现场测试及冲击回波测试仪

3.4.2 试验结果分析

对图 3.9 所示的一系列含有不同形状、大小及埋深的空洞缺陷模型试件进行冲击回波测试。其中，板厚为 600 mm，其内部空洞尺寸为 100 mm 的试件的测试结果见表 3.2。从表 3.2 可以看出所有 100 mm 埋深的空洞和 400 mm 埋深的空洞的测试值偏差较大，由此可见冲击回波法对浅层缺陷和深层小缺陷的测试结果不理想。同时可以看出，方形空洞比圆形空洞的测试精度稍高，这是方形空洞比圆形空洞的有效反射面大的缘故。图 3.11 所示为埋深 300 mm、直径 100 mm 的圆形空洞的测试信号时域波形图和经过修剪及消除 R 波影响后的频谱图。从频谱图中可看出，缺陷频率峰值为 6.8 kHz，测定的 P 波波速为 3 790m/s，根据公式（2.6），显示测得的缺陷深度为 293 mm，其相对于 300 mm 的设计埋深，测试误差仅为 2%，由此可见冲击回波法特别适合检测这种中层埋深缺陷。同时从图 3.11 中我们可以看出，由于内部缺陷的存在，使得反射回波绕行，试件厚度主频明显向低频区“漂移”，据此我们可以判断该试件内部存在缺陷。

表 3.2　有内部缺陷混凝土板的现场测试值（板厚 600 mm）

测试项目 \ 缺陷尺寸	边长 100 mm 的方形空洞				直径 100 mm 的圆形空洞			
缺陷深度 /mm	100	200	300	400	100	200	300	400
测试板厚频率 /kHz	2.66	2.63	2.65	2.72	2.74	2.71	2.72	2.76
板厚频率漂移率 /%	10.14	11.15	10.47	8.11	7.43	8.45	8.11	6.76
板厚测试值 /mm	683	692	687	670	665	671	668	660
测试缺陷深度频率 /kHz	8.92	9.63	6.21	6.00	7.19	10.22	6.52	6.15
缺陷深度频率偏差 /%	49.77	-8.45	-4.90	-26.00	59.52	-14.86	-10.14	-38.51
缺陷深度测试值 /mm	204	189	293	303	253	178	279	296

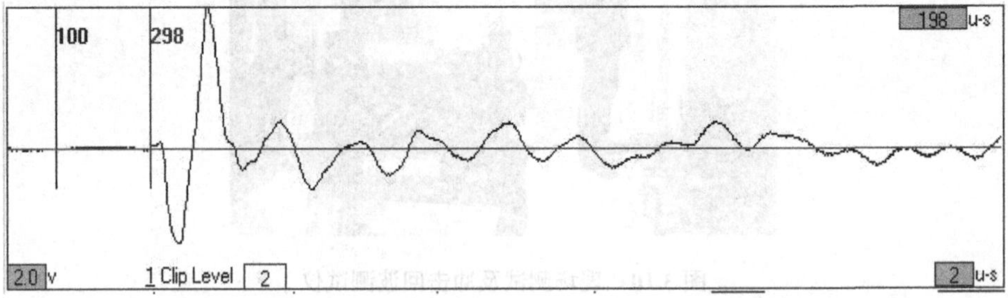

图 3.11　深度 300 mm、直径 100 mm 的圆形空洞缺陷的测试波形和频谱图

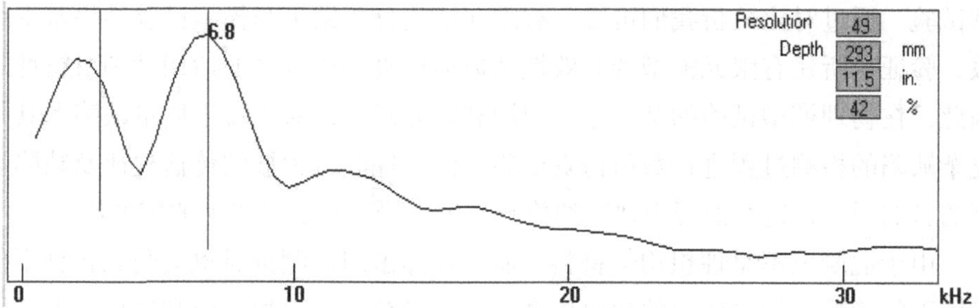

图 3.11 （续）

3.4.3 对比验证分析

将数值仿真计算结果与物理模型测试结果对比分析可知，两者对具有相同设置参数的缺陷试件的试验结果基本一致。从表 3.2 和表 3.1 可以看出，对板厚为 600 mm，内部空洞尺寸为 100 mm 的模型试件测试，在板厚频率漂移及缺陷深度频率偏差的变化规律方面，二者得到的结果是一致的。由于有限元数值仿真，尤其是动力有限元仿真计算，通常难以准确地设置结构阻尼参数及完全符合实际的边界条件，加之现场实测信号一般通过滤波功能已将噪音信号滤除，因此两者的回波信号会有一些差异。比较图 3.8 和图 3.11 我们可以看出，对含有圆形空洞缺陷混凝土板的冲击回波响应的数值拟合和模型实测信号的频谱曲线，两者在低频和高频段均存在一定差异，但两者的频谱特性规律基本一致，在频谱图中均能很好地表征出板厚频率峰值和缺陷深度频率峰值。上述对比验证结果表明，本书建立的有限元仿真模型是合理有效的，能够很好地反映应力波的传播特性及波场与缺陷体相互作用的规律。尽管有限元仿真结果与物理模型实测结果尚存在一定差异性，但是从定性分析的角度，有限元仿真分析可以直观展现出应力波在混凝土介质中的动态传播过程及混凝土结构的冲击回波响应特征，有助于加深人们对冲击回波法检测混凝土缺陷的波场传播机理与波场特征的认识和理解。

3.5 本章小结

本章根据实际工程中混凝土结构常见质量缺陷特征，按照现行混凝土试验规程的基本要求，分别设计构建了一系列含有不同类型缺陷及无缺陷混凝土板结构的有限元数值仿真模型和物理模型试件，据此分别对混凝土结构冲击回波响应特征及应力波在混凝土介质中的传播机理进行数值仿真分析和物理模型测试试验。通过对比分析我们可知，有限元仿真分析结果与模型试验结果基本一致，验证了所建有限元模型的有效性及数值仿真分析方法的适用性和可行性。因此，在物理模型试验的基础上，应用有限元建模，对混凝土质量缺陷尤其是复杂缺陷的检测过程进行数值仿真试验，深入探究应力波的传播规律及缺陷识别的影响因素，这对混凝土缺陷的检测与识别研究将起到极大的辅助作用。

由于混凝土不是理想均匀材料，而且在冲击回波测试时也会受到各种不确定因素的影响，加之建立的数值仿真模型自身存在的阻尼效应和边界条件等因素的影响，使得仿真分析结果与工程现场实测试结果势必存在着一定的差异，但从定性分析的角度，二者表现出来的变化规律是一致的，这是采用数值仿真分析方法的依据。数值仿真分析和模型试验结果表明：混凝土板内部缺陷的存在会使板厚主频向低频区域漂移，且缺陷横向尺寸越大漂移量越大，据此人们可以判断试件内部存在的缺陷及缺陷的严重程度。当缺陷埋深超过缺陷横向尺寸3倍时，分析结果的偏差会陡然增大。此外，对埋深小于100 mm的浅表层缺陷，其偏差值也较大，可见冲击回波法对浅层缺陷和深层小缺陷的测试结果不理想。因此，今后尚需深入研究浅层缺陷和深层小缺陷的响应特性，同时结合更先进的数值建模技术和回波信号处理技术，以进一步提高冲击回波法检测混凝土缺陷的精度。

第 4 章　基于小波和极限学习机的混凝土缺陷智能速判技术

4.1　概　述

混凝土缺陷检测与识别主要依赖对测试信号的有效处理，而目前常用的快速傅里叶变换（FFT）处理方法是一种全局的变换，不具有时频局部化的能力，无法表述信号的时域和频域的局域性质，因此它所能利用的特征信息很有限，对缺陷判别的准确性和可靠性难以保证。目前对于混凝土缺陷的检测仍处在定性阶段。小波分析方法克服了传统的快速傅里叶变换方法的不足，利用其多尺度分析方法，在不损坏原检测信号的情况下，能够从非平稳的信号中滤除噪声并有效提取缺陷特征信息，极大地提高了信号数据处理的有效性，特别适合非平稳信号的分析。此外，对混凝土缺陷的识别是一个复杂的模式识别问题，信号特征参数和缺陷状态之间的对应关系是一种非线性映射，通常采用的统计回归方法很难实现这种复杂的映射关系，且受人为因素影响较大。而近年发展起来的极限学习机（ELM）具有很强的非线性映射能力，特别适合非线性模式识别与分类。本书研究的基于小波和极限学习机的混凝土缺陷智能化快速定量识别与评价技术（简称为混凝土缺陷智能速判技术），是在由模型试验获得足够冲击回波测试信号样本的基础上，应用小波基函数信号进行小波分解并滤除信号中的噪声，然后从各个小波分量中提取能够反映混凝土缺陷的特征向量，并将其输入训练好的极限学习机分类器，从而实现对混凝土缺陷类型、大小及位置的定量识别与快速评价的技术。该技术有望改变当前对测试信号的解释还是依靠专业技术人员通过人工手段进行分析和判别的现状，为混凝土缺陷无损检测提供了一条新的技术路线。

4.2 小波信号去噪与特征提取

4.2.1 小波分析的基本理论

应用一种简单有效的分析方法，使信号所包含的重要信息能显现出来，是进行信号分析的主要目的。传统的信号分析方法主要是傅里叶变换方法。傅里叶变换是时域到频域互相转化的工具，从物理意义上讲，其实质是把原始波形分解成不同频率的正弦波和余弦波的叠加，即用不同频率的三角函数的和去拟合原始信号，对于每个单独的三角函数，只需要记录其相位和幅度即可。由于信号中的主要信息都集中在低频分量上，高频分量往往是噪声，因此对变换后的三角函数系数可以只保留其低频部分的系数，而忽略剩余的高频部分，这样便可将数据降维，达到降噪的目的。傅里叶变换是对信号的全局变换，只是在频域中有很好的局部化能力，在时域中却无法看出任一时间点的信号形态，因此不适合用于分析非平稳信号[60 ~ 61]。

小波变换或称小波分析则是将原始信号表示为一组小波基的线性组合，然后通过忽略其中不重要的部分达到数据压缩或降维的目的。小波变换与傅里叶变换的过程是一样的，只不过它使用的基底函数不是三角函数，而是小波函数。所谓小波函数是一个函数族，只要满足均值为零且在时域和频域都局部化（长度有限或快速衰减）这两个条件的函数就是小波函数。对一个给定的信号进行小波分析，就是将该信号按某一小波函数簇展开，即将信号表示为一系列不同尺度和不同时移的小波函数的线性组合，其中每一项的系数称为小波系数，而同一尺度下所有不同时移的小波函数的线性组合称为信号在该尺度下的小波分量。小波分析具有多分辨分析的特点，可以对信号进行不同尺度的分解，能够在时域和频域都具有表征信号相应局部特征的能力，具有较灵活的时、频局部化特性。它继承和发展了短时傅里叶变换局部化的思想，同时又克服了窗口大小不随频率变化等缺点，能够提供一个随频率改变的“时间—频率”窗口，因而在低频时，以较高的频率分辨率对信号进行分析，即时窗变宽，频窗变窄，在高频时，具有较高的时间分辨率，即时窗变窄，频窗变宽。这正符合低频信号变化缓慢而高频信号变化较快的特点，可通过变换充分突出信号某些方面的特征，因此更适合非平稳信号的分析。目前，作为信号时频分析和处理的理想工具，小波变换已在许多领域得到了成功的应用[62 ~ 64]。

1. 小波的定义与性质

小波函数的定义如下。

设 $\psi(t)$ 为一平方可积函数，即 $\psi(t) \in L^2(R)$ ，若其傅里叶变换 $\psi(\omega)$ $\psi(\omega)$ 满足条件：

$$C_\psi = \int_R \frac{|\psi(\omega)|^2}{|\omega|^2} \mathrm{d}\omega < \infty \tag{4.1}$$

则称 $\psi(t)$ 为一个基本小波或小波母函数。式（4.1）为小波函数的可容许条件。

由小波的定义可知其有以下两个特点。

一是“小”，即在时域都具有紧支集或近似紧支集。单个小波母函数从其图形上看就是一个很小的波，因而便于窗口化，所以小波又被称为数学显微镜，这也是其名称的由来。从原则上讲，虽然任何满足可容许性条件的 $L^2(R)$ 空间的函数都可以作为小波母函数，但在一般情况下，我们常选取紧支集或近似紧支集（具有时域的局部性）且具有正则性（具有频域的局部性）的实数或复数函数作为小波母函数，这样的小波母函数在时域和频域都会具有较好的局部特性。

二是正负交替的“波动性”，即直流分量（平均值）为零。傅里叶分析是将信号分解成一系列不同频率的正弦波的叠加，同样，小波分析是将信号分解成一系列小波函数的叠加，而这些小波函数都是由一个母小波函数经过平移与尺度伸缩得来的。

将小波母函数 $\psi(t)$ 进行伸缩和平移，就可以得到小波基函数：

$$\psi_{\alpha,\tau}(t) = \frac{1}{\sqrt{\alpha}} \psi\left(\frac{t-\tau}{\alpha}\right) \qquad \alpha,\ \tau \in R;\ \alpha > 0 \tag{4.2}$$

式中，α 为伸缩（尺度）因子；τ 为平移因子；$\psi_{\alpha,\tau}(t)$ 为依赖于参数 α 和 τ 的小波基函数，是由同一母函数 $\psi(t)$ 经伸缩和平移后得到的一组函数序列。

小波基函数的窗口随尺度因子 α 的不同而伸缩，当 α 逐渐增大时，基函数 $\psi_{\alpha,\tau}(t)$ 的时间窗口也逐渐变大，而其对应的频域窗口相应减小，中心频率逐渐降低；反之则结果相反。在任何尺度 α 及时间点 τ 上，频率窗口的大小 Δt 和 $\Delta\omega$ 都随频率 ω 的变化而变化，但窗口面积 $\Delta t \cdot \Delta\omega$ 保持不变，即时间、尺度分辨率是相互制约的，不可能同时获得提高。此外，由于小波母函数在频域具有带通特性，则由其伸缩和平移得到的基函数序列可以看作一组带通滤波器。

在对检测信号进行小波分析前，先要选择合适的小波基。小波基种类很多，种类不同则分析的结果也会不同。由于小波基起到的作用类似一个滤波器，所选择的小波基与被分析的信号相似度越高，则信号在时间尺度域能量的分布情况就越集中，故选取的小波原则上要求与信号具有一定的相似性。这样，就要求所选的小波基应具有一定的特性：消失矩阶数、对称性、正则性和紧支集[65]。

2. 小波分析

小波分析是一种窗口大小固定但形状（时间窗和频率窗）可以改变的时频局部化分析方法。即在低频部分具有较高的频率分辨率和较低的时间分辨率，在高频部分具有较高的时间分辨率和较低的频率分辨率，因此也被称为数学显微镜。将任意 $L^2(R)$ 空间中的函数 $f(t)$ 在小波基下展开，即将 $f(t)$ 表示为一组小波基的线性组合，称为函数 $f(t)$ 的连续小波分析，其表达式：

$$WT_f(\alpha,\tau)=\left\langle f(t),\psi_{\alpha,\tau}(t)\right\rangle=\frac{1}{\sqrt{\alpha}}\int_R f(t)\ \psi\left(\frac{t-\tau}{\alpha}\right)\mathrm{d}t \tag{4.3}$$

其逆变换为

$$f(t)=\frac{1}{C}\int_R\int_R WT_f(\alpha,\tau)\left(\frac{t-\tau}{\alpha}\right)\mathrm{d}\tau\mathrm{d}\alpha \tag{4.4}$$

由式（4.3）可知，小波分析是信号 $f(t)$ 与被伸缩和平移的小波基函数 $\psi_{\alpha,\tau}(t)$ 之积在信号存在的整个期间里求和。连续小波分析的结果是许多小波系数 $WT_f(\alpha,\tau)$，这些系数是伸缩因子和位置的函数。小波系数是在不同的缩放因子下由信号的不同部分产生的。小波分析不同于傅里叶分析的地方是，小波基具有尺度因子 α 和平移因子 τ 两个参数，这就意味着将一个时间函数投影到二维的时间—尺度相平面上，这样更有利于提取信号的某些本质特征。但连续小波分析将一维信号变换到二维空间，变换中存在多余的信息（冗余量），因此采用连续的小波分析方法对信号进行相应的分解和重构具有一定的局限性[66~68]。

3. 离散小波分析

离散小波分析的引入是为了能够降低信号的冗余度，在离散小波分析中，小波函数中的尺度因子 α 和平移因子 τ 的值是离散的点，它可以对任意信号 $f(t)$ 进行离散小波分解，离散化的变换如下：

$$\begin{cases}\alpha=\alpha_1^i \quad (i\in \mathrm{Z},\ \alpha_1>1)\\ \tau=j\tau_1\alpha_1^i \quad (j\in \mathrm{Z},\ \tau_1>1)\end{cases} \tag{4.5}$$

相应的离散小波函数的序列为

$$\psi_{i,j}(t)=\frac{1}{\sqrt{\alpha_1^i}}\psi\left(\frac{t-j\tau_1\alpha_1^i}{\alpha_1^i}\right)=\alpha_1^{-i/2}\psi(\alpha_1^{-i}t-j\tau_1)\quad (i,j\in Z;\ \alpha_1,\tau_1>1) \tag{4.6}$$

则，对信号 $f(t)$ 进行离散小波分析的表达式为

$$WT_f(i,j)=\int_R f(t)\ \psi_{i,j}(t)\ \mathrm{d}t\quad (i,j\in Z) \tag{4.7}$$

为了解决计算量的问题，离散小波变换通常采用双尺度小波变换方法，即缩放因子和平移因子都选择 2*i* 的倍数（*i* 为大于零的整数）。由以上各式的推导可知，采用离散化的小波对信号进行分解，可以很好地克服信息冗余影响，但是离散小波分析仍会存在一些冗余，可通过引入正交概念从多分辨率分析的角度去进一步克服。

4. 多分辨率分析

采用非正交小波基对信号进行小波分解都会或多或少地引入冗余信息，从而导致所需计算的信息量非常庞大，这给信号分析带来了许多困难。多分辨分析是由马拉特（S.Mallat）在构造正交小波基时提出的，马拉特和迈耶（Meyer）等人采用不同尺度之间的信息增量进行信息的表示方法，引入了多分辨率分析的思想。所谓信号的多分辨分析是将信号的相应特征在不同的分辨率下进行显现，也就是把信号特征映射成空间域的一系列解，空间域包括小尺度空间和大尺度空间，小尺度的空间可以对细节部分进行显现，大尺度空间则可以对其整体概貌进行相应的显现，并且随着小波尺度值的不断变化，分解到各个子空间上的信号相应也有所不同，从而实现在各个尺度上的细微处观察被分析信号特征的目的[69 ~ 71]。

如果 $L^2(R)$ 中的一个空间序列 $\{V_i\}_{i\in Z}$ 满足下列条件，则该组嵌套的子空间 $\{V_i\}_{i\in Z}$ 就构成 $L^2(R)$ 的多分辨率分析。

①单调性：对任意 $i\in Z$，则有 $V_i\subset V_{i1}$。

②逼近性：$\bigcap_{i\in Z}V_i=\{0\}$，$\bigcup_{i=-\infty}^{\infty}V_i=L^2(R)$ 。

③伸缩性：$f(t)\in V_i\Leftrightarrow f(2t)\in V_{i-1}$，伸缩性体现了尺度的变化、逼近正交小波函数的变化和空间的变化具有一致性。

④平移不变性：对任意 $j\in Z$，有 $\psi_i(2^{-i}t)\in V_i\Rightarrow\psi_i(2^{-i}t-j)\in V_i$。

⑤ Riesz 基存在性：存在函数 $\psi(t)\in V_0$，使得它的整数平移系 $\{\psi(2^{-i}t-j)\}_{j\in Z}$ 构成 V_i 的 Riesz 基。

多分辨率分析的实质是用不同分辨率来逐级逼近待分析信号，它可以表现

信号分解系数之间的正交性和局部特性等，能够更为有效地获取信号的特征信息，因而在小波理论中占有十分重要的地位。图 4.1 为三层的多分辨率分析的小波分解树。图中，S 为原始信号，A1 ~ A3 为信号的低频部分（近似部分），D1 ~ D3 为信号的高频部分（细节部分）。其分解关系为 S=A3+D3+D2+D1。

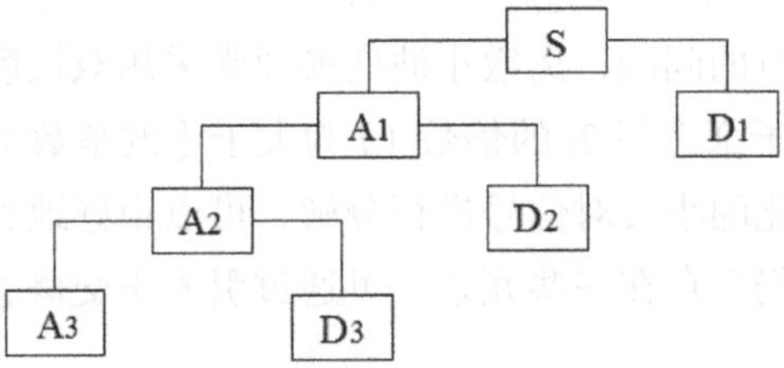

图 4.1　小波分解树

小波分解就是将原信号分解成低频近似部分和很多高频细节部分的叠加，如果一个信号的长度是有限的，则根据小波定义及其相关理论，原则上可以对其进行无限次分解。在小波分解过程中，对信号每分解一次，则要小波系数进行一次重新采样，因此如果采集的信号的长度太短，分解到一定层数后就可能影响对信号的正确判断。此外，小波分解层数太多，会产生大量的数据，使信号处理工作量成倍增长，而处理结果却不会有明显的改善，甚至会恶化；分解层数过少，处理效果会不明显，也失去了信号分析的意义。

5. 小波包分析

正交小波分析的多分辨率分解只对信号的低频分量进行连续分解，如图 4.1 所示。小波包分析是在多分辨分析基础上构造的一种更精细的分析方法，它不仅对信号的低频分量连续进行分解，而且对高频分量也进行连续分解。图 4.2 为三级小波包分解树。小波包分析方法是小波分析的推广，可为信号分析提供更丰富的信息。

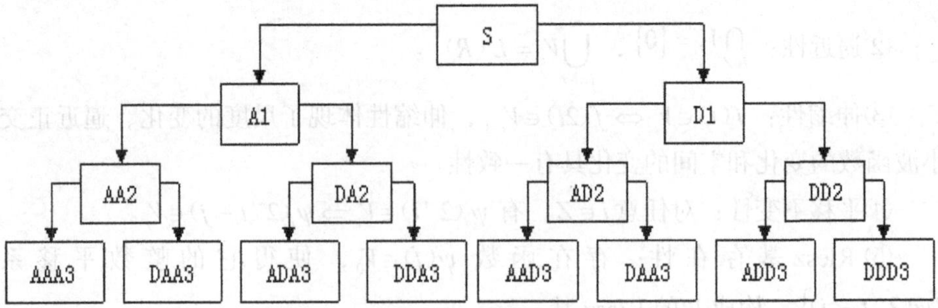

图 4.2　小波包分解树

小波包 $\{w_n(t)\}_{n\in Z}$ 是通过推广多分辨率分析与小波间的联系而引入的。它是包括尺度函数 $w_0(t)$ 和小波母函数 $w_1(t)$ 在内的，一个具有一定联系的函数的集合。令：

$$
\begin{cases}
w_{2n}(t)=\sqrt{2}\sum\limits_{j\in Z}h_{0j}w_n(2t-j)\\
w_{2n+1}(t)=\sqrt{2}\sum\limits_{j\in Z}h_{1j}w_n(2t-j)
\end{cases}
\tag{4.8}
$$

式中，h_{0j}、h_{1j} 是多分辨率分析中的滤波系数。当 $n=0$ 时，$w_0(t)$ 即为尺度函数 $\varphi(t)$，$w_1(t)$ 为小波函数 $\psi(t)$。通过以上的递推关系得到的函数集合 $\{w_n(t)\}_{n\in Z}$ 为由 $w_0(t)=\varphi(t)$ 所确定的小波包 [72 ~ 74]。

小波包分析对二叉树结构的两枝同时进行连续分解，能够为信号提供一个更加精细的分析方法，它将频带进行多层次划分，对小波分析没有细分的高频部分进一步分解，并能够根据最优基原则自适应地选择与被分析信号相匹配的特征频带，从而提高了时频分辨率。在小波包分解中，分解层数的增加可使信号的分解达到很精细的程度。但是原始信号经小波包变换，得到的由时间轴和频率轴所构成的二维时频信息矩阵数据量过大，分析和处理的复杂性与难度都会加大。

4.2.2 小波阈值降噪

在信号采集过程中，由于受测试环境、测试仪器等因素的影响，采集到的结构响应信号不可避免地夹杂着噪声信息。在进行信号分析之前，有必要先对染噪信号做降噪处理，否则噪声信息将会给信号分析带来极大困难。传统的降噪方法一般是依据快速傅里叶变换（FFT）对信号进行频域滤波。由于它不能将位于同一频段的信号和噪声进行有效区分，滤波将不可避免地导致去噪不充分或有效信号成分损失。因此，该方法具有一定的局限性。小波降噪是小波分析应用于工程实际的一个重要方面。目前常用的对小波系数进行非线性处理的方法有小波模极大值处理算法、空域相关降噪算法、小波阈值降噪算法三种。其中，以小波阈值降噪算法最为常用，它是根据信号和噪声在不同尺度上表现出的不同特征，通过小波分解并将小波分解系数用作阈值，除去高频噪声分量，然后进行小波信号重构，从而得到降噪信号的方法。信号多分辨率正交小波分解和重构算法分别为

$$
\begin{cases}
c_{j,k}=\sum\limits_{m\in Z}\bar{h}_{m-2k}c_{j+1,m}\\
d_{j,k}=\sum\limits_{m\in Z}\bar{g}_{m-2k}c_{j+1,m}
\end{cases}
\tag{4.9}
$$

$$c_{j+1,m}=\sum_{m\in Z}(h_{m-2k}c_{j,k}+g_{m-2k}d_{j,k}) \tag{4.10}$$

式中，$c_{j,k}$ 为近似系数；$d_{j,k}$ 为细节系数；h，g 为一对正交小波的低通和高通滤波器组；j 为分解层数；k=0, 1⋯ L−1，L 为离散采样点数。

由于小波阈值降噪算法是在对每个小波系数进行有效性分析的过程中实现的，而不是机械地删除某一频段成分，因此它具有传统 FFT 降噪方法无可比拟的优势，这些优势突出体现在非平稳信号的降噪上。离散小波阈值降噪，首先将信号分解成一组对应于不同时间和频率尺度（分辨率）的正交基，在分解的第一层次，将原始信号分解为近似系数和细节系数，近似系数被进一步分解可得到第二层次的近似和细节系数，重复这个过程，便可得到不同分解层次的近似和细节系数，其中近似部分是信号的高尺度、低频率分量，而细节部分是低尺度、高频率分量，也是含噪分量；然后利用有限阈值等形式对所分解的小波系数进行处理，如果噪声能量明显小于信号能量，则与噪声对应的小波系数也将明显地小于与信号对应的小波系数，从而可以将小于设定阈值的小波系数切除；最后对信号进行小波重构即可达到对信号降噪的目的。信号降噪的过程可概括为如下三个步骤：

第一，信号的小波分解。选择合适的小波基并确定小波分解的层次，将信号进行小波分解，得到相应的小波分解系数；

第二，分解系数的阈值量化。选择合适的阈值和阈值函数对各分解尺度下的高频（细节）系数进行阈值量化处理，得到新的细节系数；

第三，信号的小波重构。根据小波分解的最底层低频（近似）系数和经过阈值量化处理后的各层高频（细节）系数进行一维信号的小波重构，获得降噪后的信号。

小波阈值降噪的关键是选定合适的小波基和阈值，不同的小波基函数和阈值估计方法将产生不同的信号处理结果，这直接关系到信号降噪的质量[75]。通用的小波基函数有几十种，小波基的选取要综合考虑小波的消失矩阶数、对称性、紧支性和正则性这四个特性。在冲击回波检测信号分析中，应用较多的是贝多西小波基函数及据其发展起来的 Symlets（Sym$N$）小波函数系。选择恰当阈值的准则是小波降噪过程中的另一个重要步骤。目前有关阈值的设置主要有基于史坦无偏似然估计的软阈值、固定阈值、启发式阈值、用极大极小原理选择阈值等典型方式。软、硬阈值函数是两种最常用的阈值函数，但由于硬阈值函数整体不连续，直接导致降噪后的信号中出现突变的震荡点，当噪声水平较大时这种现象尤为明显；软阈值函数虽然整体连续性好，但是当小波系数较大时，处理后的系数与原系数之间总存在恒定的偏差，这将直接影响重构信号与真实信号的逼近程度。不论哪种阈值选取准则，各有自己的优缺点，在小波降噪过程中，人们必须根据实际情况选择合适的阈值准则。目前，针对随机噪声的概率分布特点，根据最大熵原理（MEP）选择小波系数阈值的方法已得到较好的应用。它利用随机噪声小波系数的概率分布特征选择最佳阈值，从而在尽可能消除噪声的情况下尽量小地影响真实信号[76]。

小波降噪的关键是选定合适的小波基和阈值，不同的小波基函数和阈值估计方法将产生不同的信号处理结果，这直接关系到信号降噪的质量[77、78]。以下为选择应用 4 阶 Symlets（Sym4）小波函数作为小波分析的基函数，并采用 MEP 确定小波系数阈值，对一冲击回波含噪信号进行降噪处理。处理前后的信号分别如图 4.3 所示，从图中我们可以看出，该方法降噪效果明显，信噪比可得到显著提高。

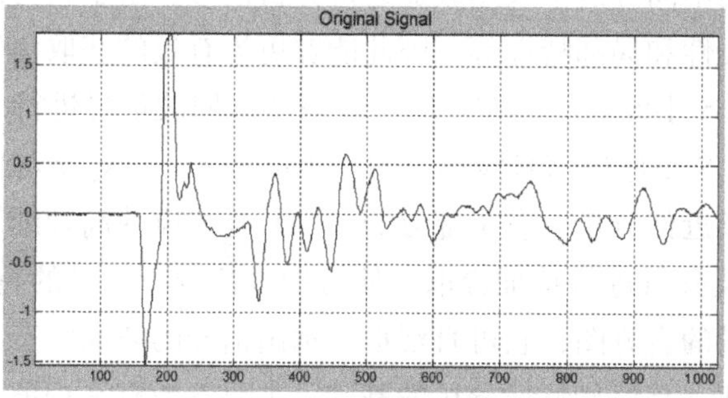

（a）降噪前

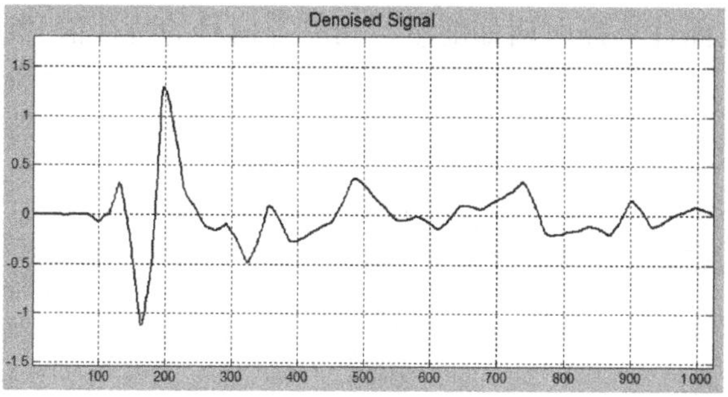

（b）降噪后

图 4.3　一冲击回波信号的小波阈值降噪

4.2.3 小波时频谱缺陷特征提取

缺陷分类识别的关键在于如何将反映缺陷性质的特征信息从非平稳的检测信号中提取出来，并给予正确的解释。由于小波分析非常适合分析非平稳信号，由于信号和随机噪声在不同尺度上表现出的特征不同，所以利用其多分辨率性质能够提取信号和噪声在多尺度分辨空间中的波形特征，因此小波分析可作为信号特征值提取的有力工具。混凝土缺陷模式识别要解决的关键问题是如何保证缺陷识别的准确性和泛化性，其影响因素除了信号的小波分解方法和模式分类器的性能外，另一个重要因素是缺陷特征值的提取方式。缺陷特征值在选取时应尽可能使其包含表征分类特性的模式信息，只有选择其中有代表性的小波分量进行特征提取，才能充分捕捉到测试信号的重要特性。

小波多分辨率分析可将原信号分解成低频近似分量和高频细节分量的叠加，其实质是用不同分辨率来逐级逼近待分析信号。由于它可以表现信号分解系数之间的正交性和局部特性等，因此能够更为有效的获取信号的特征信息。图 4.4 是基于 db5 小波对一典型混凝土缺陷冲击回波信号进行 5 层小波分解的分解图。其中，S 是原始信号波形，图左半部分 A_1 ~ A_5 是对信号进行多分辨分析得到的低频近似分量，右半部分 D_1 ~ D_5 是相应的高频细节分量，对其中有代表性的小波分量进行特征提取，便可构成待分析信号的特征向量。图 4.5 所示为小波分量的直方图，它可直观地显示出信号的波动状态和揭示信号数据样本的分布规律，是信号特征分析的基础，主要参数有平均值、标准偏差、样本峰值等。通常可利用小波分量直方图及频谱图，从其小波系数、重构波形和重构波频谱等方面计算提取诸如能量、功率等信号的特征值[79]。

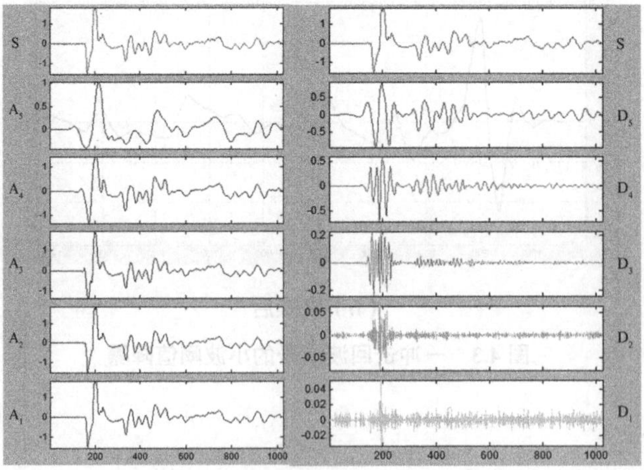

图 4.4 一冲击回波测试信号的 5 级小波分解

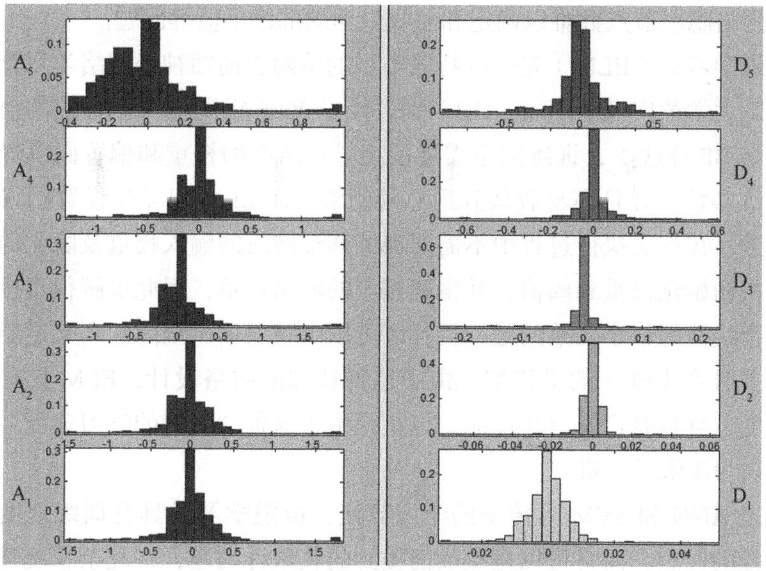

图 4.5　小波分量直方图

4.3　极限学习机分类器设计

4.3.1 极限学习机基本理论

随着信息技术的快速发展，机器学习和模式识别技术在工业过程建模中的重要作用日益凸显，特别是对于那些结构复杂、机理不明的非线性时变系统。该技术是以客观存在的事物为对象，研究数据的客观规律，实现数据的分类和预测。为了在分类过程中的复杂性与推广性之间寻求恰当的平衡，避免出现“欠学习”或“过学习”问题，设计合理的分类模型非常重要。分类器的设计是在训练样本集上进行优化的过程，也是机器学习和模式分类的过程。

在近些年发展起来的模式识别与分类方法中，最有代表性的是 20 世纪 80 年代中期发展起来的人工神经网络技术（ANN）和 20 世纪 90 年代出现的以支持向量机（SVM）为代表的统计学习理论与核函数方法。其中，基于统计学习理论的支持向量机是当前较好的机器学习和数据挖掘方法，与人工神经网络等其他追求样本趋于无穷的分类器相比，支持向量机不仅结构简单，而且对不同样本数量测试环境具有良好的适应能力，特别在小样本模式分类方面具有突出的优势，并得到广泛应用。但是，对于大中型数据样本集的系统辨识和分类问题，传统神经网络方法如 BP 网络和支持向量机等不仅需要大量的训练时间，还存在最优网络隐层节点数难以确定和易收敛到局部极小值等问题。

极限学习机（ELM）是一种特殊类型的单隐层前馈神经网络学习算法，由南洋理工大学黄广斌（Huang GB）副教授于2006年提出[80]。传统的前馈神经网络（如BP算法），训练网络需要围绕寻找所有的权重和偏置而设置大量的网络训练参数，并且容易收敛到局部最优解。而ELM只需要设置网络的隐层节点个数，在算法执行过程中不需要训练调整网络的输入权重及隐元的阈值就可以随机初始化权重和阈值，并得到相应的输出权重，因此求解很直接，只需求解一个线性的最小二乘问题，且其解可以由隐层输出矩阵的广义逆矩阵直接产生，并且产生唯一的最优解。由于这种特殊的网络设计，ELM具有极快的学习速度，且具有良好泛化性能，也正是由于这种“极限的学习速度”，因而其被命名为极限学习机。

较之ANN和SVM等传统的学习算法，极限学习机具有训练速度快、泛化性能强的优点，而且可以避免前面提到的收敛性问题，在复杂系统建模、大规模样本学习以及实时在线预测等问题中表现出巨大潜力。这一成就大大促进了神经网络在系统辨识与模式识别中的应用。近几年来人们相继提出了基于极限学习的多种神经网络学习算法，将神经网络的系统辨识研究朝实用化方向又推进了一步。目前，ELM理论和应用方面的研究正吸引着国内外越来越多的关注。作为系统辨识与模式识别的有力工具，极限学习机具有广泛的应用前景[81]。

ELM用于模式分类问题可分为二分类问题和多分类问题。对于二分类情况，ELM只有一个输出神经元，越接近输出值的类标签值作为预测类标签值；对于多分类情况，主要有两种求解方式：一种是只有单个输出神经元形式；另一种是有多个输出神经元形式[82, 83]。其基本算法如下所示。

对于任意一组个数为N的训练样本，$(x_i, y_i) \in R^d \times R^m$，假设一个单隐层前馈神经网络隐层神经元的个数为$L$，每个隐含层神经元的激活函数是$f$，则网络的数学模型可以表示为

$$\sum_{i=1}^{L} \beta_i f(w_i x_j + b_i) = y_j, \quad j \in [1, N] \tag{4.11}$$

式中，w_i和b_i分别是隐层第i个神经元的输入权重和阈值；β_i是隐层第i个神经元的输出权重。

式（4.11）可简化表示为

$$H\beta = Y \tag{4.12}$$

式中，$\beta = (\beta_1 \cdots \beta_N)^T$；$Y = (y_1 \cdots y_N)^T$；$H$是隐含层的输出矩阵，定义为

$$H = \begin{pmatrix} f(w_1 x_1 + b_1) & \cdots & f(w_N x_1 + b_N) \\ \vdots & \ddots & \vdots \\ f(w_1 x_M + b_1) & \cdots & f(w_N x_M + b_N) \end{pmatrix} \tag{4.13}$$

对于输出权重 β，可由式（4.12）得到最小范数最小二乘解：$\hat{\beta}=H^{+}Y$，其中 H^{+} 是矩阵 H 的穆勒 - 彭罗斯广义逆。

给定一个训练样本集、激活函数和隐含层神经元数，ELM 算法的具体步骤为：

第一，随机设定输入层权重 w_i 和隐含层阈值 b_i；

第二，计算隐含层输出矩阵 H；

第三，计算输出权重矩阵，$\hat{\beta}=H^{+}Y$。

4.3.2 极限学习机分类性能及评价方法

利用人工智能方法研究分类问题时，为了建立分类模型并对模型的分类性能进行客观的评估，通常的方法是将数据分为训练集和测试集两部分，利用训练集结合分类器进行训练来构建分类模型，然后利用测试集对训练好的分类模型进行验证测试，最终得到理想的分类结果。而交叉验证法（亦称循环估计方法），是一种统计学上将数据样本切割成较小子集的实用方法，该方法视训练样本和测试样本均取自相同的样本分布，其优点在于能够有效地避免由随机划分所引起的较大统计误差，避免过拟合和欠拟合问题，以得到无偏倚的结果。目前交叉验证法已被广泛用于分类问题和回归问题，较常用的为 k 折交叉验证法，其中 k 的值一般大于等于 3，小于等于 10。在该方法中，原始的数据样本被划分为 k 个大小近似相等且互不相交的子集 $A_1, A_2, \cdots, A_k$，共进行 k 次模型训练和测试。在第 i 次迭代时，选择 A_i 作为测试集，其余的子集作为训练集训练。如第一次迭代时，$A_2, A_3, \cdots$，A_k 作为训练集训练得到第一个模型，并在 A_1 子集上进行测试；下一次迭代，$A_1, A_3, \cdots, A_k$ 作为训练集进行模型学习，并在 A_2 子集上进行测试。如此循环下去，一直到第 k 次迭代结束。每次试验都会得出相应的正确率（或差错率），取 k 次训练得到分类结果的平均值作为对算法准确性的估计。

为了对模型分类预测结果和实际值进行比较分析及评价，可将分类结果的精度显示在一个混淆矩阵里面，其中矩阵的行代表真实的类别，列代表模型的分类，则矩阵对角线上的元素代表对每种类别正确分类的准确度，偏离对角线的元素代表错误分类。

4.4 本章小结

对于冲击回波检测技术来说，由于冲击回波信号具有非平稳特性，这对测试信号的分析工作来说是一大不利因素，但目前常用的傅里叶变换方法存在着一定的局限性，这在很大程度上限制了该技术的发展与应用。信号分析的主要目的是寻找一种简单有效的信号分析方法使信号所包含的重要信息能显现出来。在信号分析过程中，单纯的时域特征或频域特征难以满足信号分析的要求，因此需要寻找一种新的方法，以便将时域和频域结合起来描述信号的时频特征。小波分析具有其他分析方法所没有的多分辨率特点，在信号时域、频域研究方面具有较大优势。此外，混凝土缺陷的检测识别是一个复杂的模式识别问题，采用常规的统计回归方法很难实现信号特征参量与缺陷状态之间较为复杂的非线性映射关系，同时分析结果受人为因素影响较大，这给人们最终快速、准确评价混凝土结构质量状况带来困难。极限学习机（ELM）是近些年发展起来的新的机器学习方法，与传统的神经网络、支持向量机等追求样本趋于无穷的分类算法相比，该方法不仅结构简单，而且具有训练参数少、学习速度快和泛化性能好等优点，尤其在小样本模式分类方面具有突出的优势。因此，针对当前混凝土缺陷无损检测中存在的不足，在理论分析和试验研究的基础上，应用小波分析和极限学习机等先进的数据信息处理技术，建立混凝土缺陷检测的量化识别与快速评价模型，实现对混凝土缺陷的定量识别与快速评价，这对推动混凝土缺陷无损检测技术的发展有重要的科学意义。

第5章　混凝土缺陷智能速判系统构建的模型试验

5.1　概　述

针对混凝土缺陷检测与评价工作的复杂性和时效性，以及目前对测试信号的解释还是通过人工手段进行分析和判别的现状，为提高混凝土缺陷无损检测的效率和精度，实现对混凝土缺陷的定量识别与快速评价，本章结合实际工程中混凝土结构常见的质量缺陷特征，设计制作了一系列含有不同类型、性质缺陷及无缺陷的混凝土模型试件，在理论分析、数值模拟的基础上，深入开展了基于先进的信号处理技术和人工智能技术的混凝土缺陷冲击回波法检测的模型试验研究。针对冲击回波测试信号非稳态的复杂特性，人们借助 MATLAB 程序平台，应用小波变换技术有效地提取缺陷信号的特征值，并应用极限学习机（ELM）作为分类模型，对检测信号进行深度数据挖掘，以更好地逼近信号特征参量与缺陷状态之间复杂的非线性映射关系，由此建立了基于小波分析和极限学习机的混凝土缺陷智能化快速定量识别与评价系统（简称为混凝土缺陷智能速判系统）。结果表明：该系统具有较好的分类识别性能，初步实现了对混凝土缺陷类型、性质和范围的智能化快速定量识别与评价，极大地提高了混凝土缺陷检测与评估的速度及精度。

5.2　模型的设计与制作

试验人员根据实际工程中混凝土结构常见的质量缺陷特征，并严格按照现行的混凝土试验规程的基本要求，选用工程中常用的原材料，按常规 C30 混凝土配合比、成型工艺及配筋设计，在试验室制作了一系列的含有不同类型和性质缺陷及无缺陷的钢筋混凝土模型试件，以此应用冲击回波法并结合先进的信号处理技术进行混凝土质量缺陷检测的实验研究。模型试件试验应考虑的影响因素如表 5.1 所示。由于在第 2 章的模型试验已验证混凝土的强度等级及骨料因素对混凝土缺陷诊断结果的影响不大，因此，这里模型试件只采用了 C30 混凝土。

表 5.1　混凝土缺陷检测模型试件试验应考虑的影响因素

强度等级	C30
材质构造	碎石骨料、配筋
缺陷类型	空洞、裂缝、非密实体
缺陷大小	20 cm、10 cm
缺陷形状	球形、方形
缺陷深度	浅层、中层、深层（10 ~ 40 cm）
工作环境	干燥、浸水

如图 5.1、图 5.2 和图 2.12（b）所示，模型试件的高度为 150 cm，厚度分别为 40 cm、50 cm、60 cm 和 70 cm，缺陷包括不同尺寸和埋深的圆形与方形空洞以及非密实体。各类缺陷及非缺陷体的平面布置如图 5.3 ~ 图 5.5 所示，为充分利用边缘尺寸、节省制作费用支出，试验人员一并制作了图中所示的无缺陷体，以测试真值。图 5.6 为内部含有 10cm 缺陷的模型试件的立面示意图。图 5.7 为模型试件的制作过程。为排除模型边缘效应以及各缺陷间的相互干扰，缺陷处测点距构件侧边缘以及各缺陷之间均应保持一定距离，根据相关文献及现场测试试验的结果，上述距离根据缺陷尺寸不同分别取为图 5.3 ~ 图 5.5 所示的 25 cm 和 20 cm。应用冲击回波法对这些模型试件进行检测试验，测试可分别从试件的两个对称侧面上进行，可测试深度分别为 10 cm、20 cm、30 cm、40 cm。此外，模型试件中所构造的空洞缺陷均设计成开放式的，这样既能保证缺陷的准确定位，又可以重复利用，即通过对内壁粗糙的空洞填充不同配比的拌和料来构造不同性质的非密实体，同时还可方便地对缺陷进行充水，以便分析混凝土缺陷在干燥和浸水状况下的反射波频谱特征的差异性。以下为本书研究的不同类型缺陷的构造方法。

①空洞的构造：在试件预制模具内预置表面包裹一层薄膜的空心塑料管，并进行精确定位和两端固定，在混凝土浇注完毕并具有一定硬度时，将塑料管缓缓抽出，由此便构造出内壁光滑的空洞模型；为更接近空洞缺陷的真实状态，增强样本的代表性，另外构造了内壁粗糙的空洞，方法是将直径不同的两个空心塑料管，按管套管的方式预置（方形空洞采用方形木管外套薄铁管），将内

管两端固定作为定位导管，外管是活动套管（长度为内管的三分之一），在两管之间填充松散的混凝土拌和料，在混凝土浇注至外套管高度并在初凝前及时将外管缓缓抽出，并轻轻振捣周边混凝土，使其与填充在两管之间的拌和料良好结合，然后再在两管之间填充松散的混凝土拌和料，重复上述过程直至混凝土浇注结束，最后待混凝土有一定硬度时将内管切割后剔除（由于粗糙内壁摩擦较大内管无法抽出，只能切割后剔除），这样便构造出内壁粗糙的空洞。

②不密实体的构造：对上述所构造的内壁粗糙的空洞，填入不同配合比的混凝土拌和料，以便构造出不同性质的不密实体。

③裂缝及软弱夹层的构造：采用表面包裹薄膜的薄铁皮预置，在混凝土有一定硬度时缓缓抽出，然后视情况填充细砂等材料，这样便可以构造出不同接触性质的裂缝；软弱夹层缺陷按前文所述方法进行构造。

图 5.1　模型试件

图 5.2　试件内缺陷布置

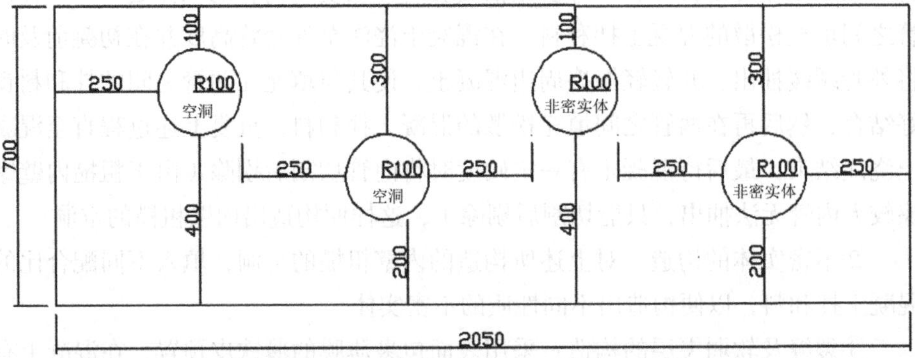

图 5.3　20 cm 圆形空洞、非密实体缺陷布置平面图（单位：mm）

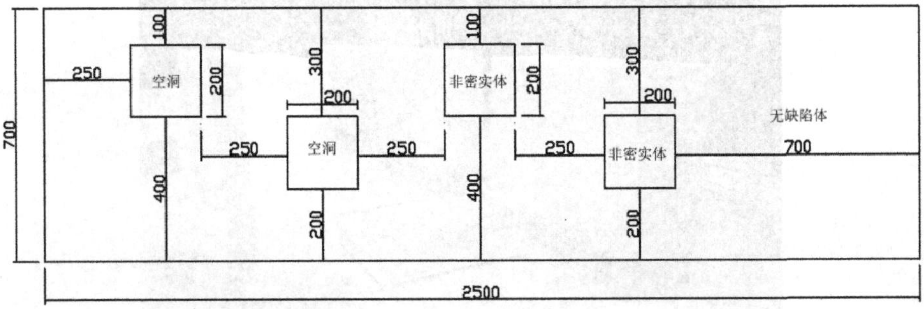

图 5.4　20 cm 方形空洞、非密实体缺陷布置平面图（单位：mm）

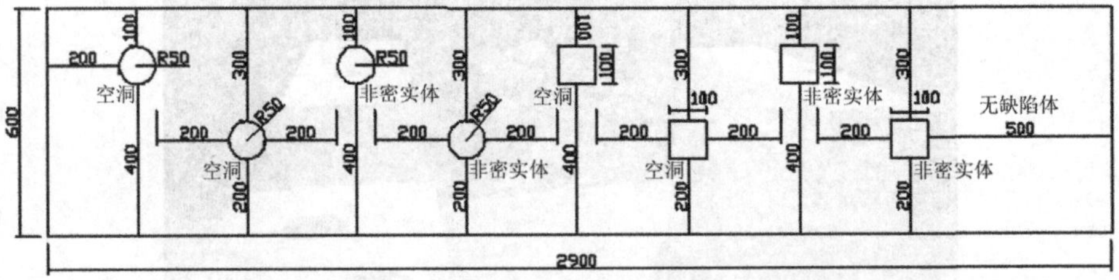

图 5.5　10 cm 圆形与方形空洞、非密实体缺陷及无缺陷体布置平面图（单位：mm）

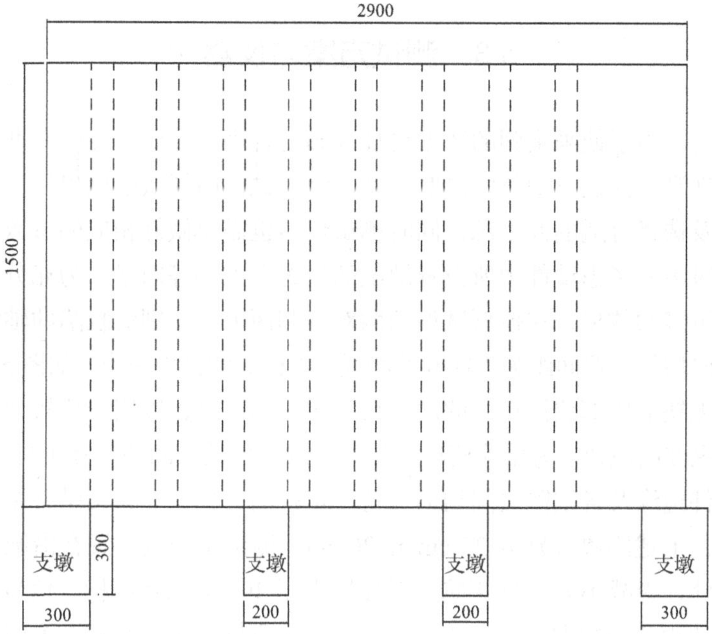

图 5.6　10 cm 圆形与方形空洞、非密实体缺陷及无缺陷体布置立面图

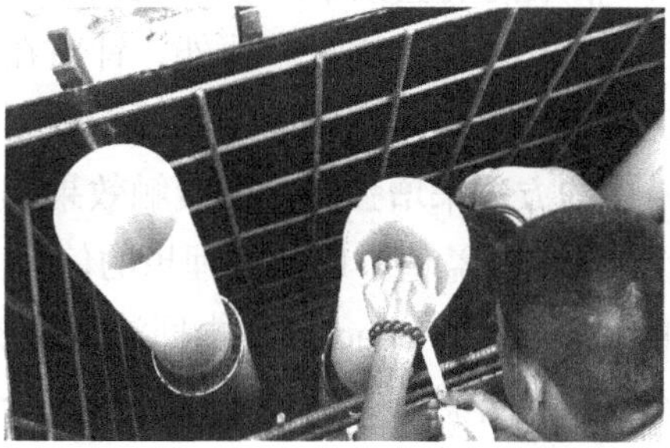

（a）

（b）

（c）

图 5.7　模型试件的制作

5.3 测试方案与仪器

测试前，为了使采集到的数据更加准确与合理，需要做好前期准备工作，包括对试件测试面进行细致的打磨处理、结合试件内部缺陷设置等情况进行测线布置以及选择合适的冲击源，同时测试仪器也需要做好相应的参数设置。测线在布置时主要考虑试件中所设置缺陷的位置、大小等因素。为充分利用现有模型采集更多的数据，在模型试件的两对称侧面上，分别沿缺陷的轴线方向及其垂直方向均匀布置间距为 10 cm 的测线，以构成测试网格点，如图 5.1 所示。此外，在无缺陷体部位按相同的网格尺寸布置测试点，以用于比较分析及测定混凝土中纵波的波速。为排除模型边缘效应以及各缺陷间的相互干扰，测试时，测点距试件边缘及各缺陷之间均应保持一定距离，根据相关文献并结合试件的几何尺寸，上述距离分别取 25 cm 和 20 cm。测试敲击点布置在沿缺陷的轴向部位或近处，为减小 R 波的影响，对厚度大于 30 cm 的板结构，信号采样探头距敲击点的距离一般取为 5 ～ 10 cm。采样频率与采样点数的设置应保证在得到合适的采样分辨率基础上，能够对最大响应频率的冲击回波信号进行记录；为提高测试精度，采样频率一般应大于 10 倍最高响应频率。本次试验中，信号采样频率及采样点数分别设为 500 kHz 和 1 024 个采样点。此外，针对在测试中普遍存在的采样探头接触状态不稳定及测试信号重复性差的问题，根据相关文献，本试验采用在试件测点上贴薄铅片的方法来增强探头的接触效果，提高信号的采样质量（信噪比），同时设置合适的增益值，以获取理想的信号。

检测试验设备主要采用美国 Impact-Echo 公司的 Impact-E 冲击回波测试仪。该仪器属于单点式冲击测试仪，由冲击球、接收传感器、信号采集系统及分析软件构成。冲击球有五种不同规格以满足不同条件下的测试需要，同时其信号分析、处理软件较为优秀，并具有数据输出功能以方便研究需要。

5.4 信号降噪与特征提取

如第 4.2 节所述，小波降噪的关键是选定合适的小波基和阈值，不同的小波基函数和阈值估计方法将产生不同的信号处理结果，这直接关系到信号降噪的质量。鉴于 Symlets 小波函数系具有较强的时域和频域的局部化能力及重构能力，在本研究中，选用了 4 阶 Symlets（Sym4）小波函数作为小波分析的基函数，同时应用最大熵原理（MEP）确定小波系数阈值。

特征提取是应用香农熵标准和 Sym4 小波基对降噪后的冲击回波信号进行 4 层小波分解，得到 8 个频段的分解系数，如图 5.8 所示，图中 S 为原始信号，A_1 ~ A_4 是近似分量，D_1 ~ D_4 的细节分量。选取缺陷特征值时应尽可能使其包含表征分类特性的模式信息，只要选择其中有代表性的分解区域分量进行特征提取，便可充分捕捉到原始冲击回波信号的重要特性，因此试验中试验人员选择了其中的 A_4、D_4 和 A_3 作为进行特征提取的基础分量，并对这三个基础分量分别从其小波系数、重构波形和重构波的频谱这几个方面计算特征值。此外，对于 A_4 分量，又提取了其重构波频谱的结构厚度或缺陷深度频率作为附加特征，相关特征值如表 5.2 所示。

设 x_n（n=1,2,…N）为时域信号；$[p_i, f_i]$，i=1,2,…, M 是与其对应的频谱，p_i 和 f_i 分别是频谱中第 i 个频点的幅值和频率。特征计算函数定义如下：

能量：$E=\sum_{i=1}^{N} x_i^2$；

总功率：$TP=\sum_{i=1}^{M} p_i$；

平均功率：$MP=TP/M$；

一阶谱距（距心值）：$M_1=\sum_{i=1}^{M} p_i f_i / TP$；

二阶谱距（均方差）：$M_2=\sqrt{\sum_{i=1}^{M}(f_i-M_1)^2\cdot p_i / TP}$；

三阶谱距（偏斜度）：$M_3=\sum_{i=1}^{M}(f_1-M_1)^3\cdot p_i / M_2^3\cdot TP$；

四阶谱距（陡峭度）：$M_4=\sum_{i=1}^{M}(f_1-M_1)^4\cdot p_i / M_2^4\cdot TP$。

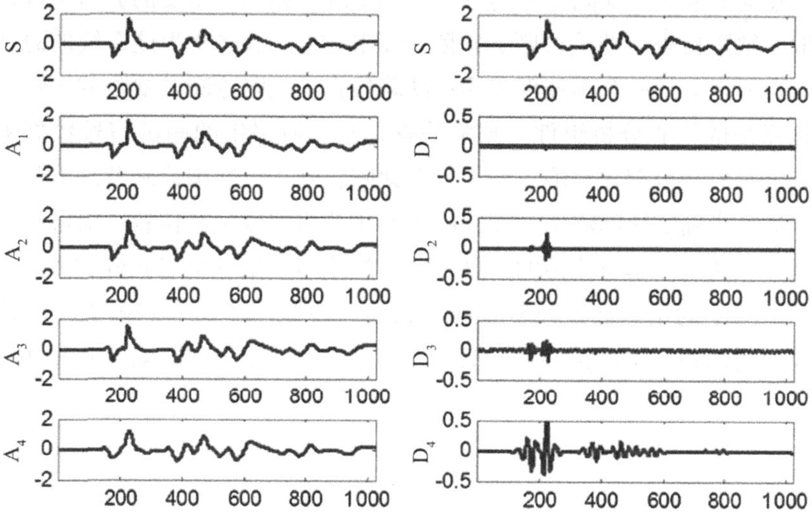

图 5.8　冲击回波信号的小波分解系数曲线

表 5.2 提取的特征值

时 / 频域	特征值名称	序号
分解系数	能量	1
重构波	能量	2
重构波频谱	总功率	3
	平均功率	4
	峰值频率	5
	平均频率	6
	一阶谱距	7
	二阶谱距	8
	三阶谱距	9
	四阶谱距	10

5.5 分类识别系统

5.5.1 分类识别系统的构建

按第 4.3 节所述，本次试验应用极限学习机（ELM）作为分类模型。本次试验所建立的混凝土缺陷检测与分类识别系统包括四个重要的分析组件，即特征提取、缺陷检查、缺陷诊断、缺陷定量和定位。图 5.9 为该系统的总架构。其中，特征提取是一个预处理步骤；缺陷检查、缺陷诊断及缺陷的定量与定位则是该系统的核心分析组件。缺陷检查是基于所采集的测试信号数据来检查确定测试对象是否存在缺陷，如果发现缺陷，则进行缺陷诊断及缺陷的定量与定位，进一步确定缺陷的类型及缺陷大小（严重程度）和位置（沿波传播方向的深度）。从机器学习建模的角度来看，缺陷检查是一个二元分类问题，而缺陷诊断、缺陷的定量和定位则依赖于设定多少缺陷类型、缺陷大小和位置，是多元分类问题。本次试验共设置了 3 种缺陷类型、2 种缺陷尺寸和 4 种缺陷深度。

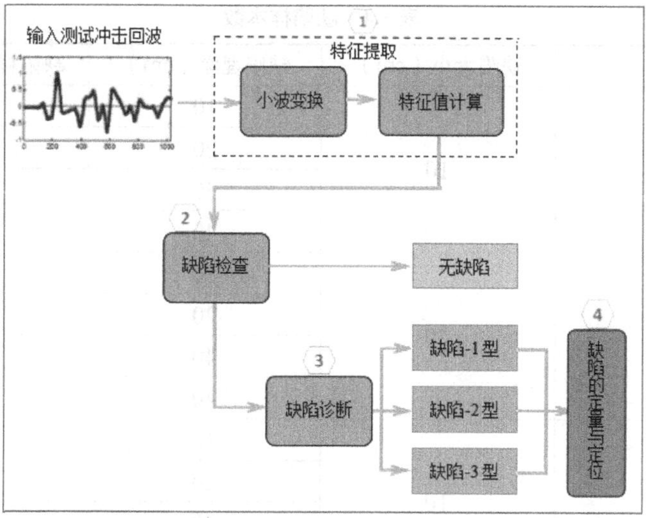

图 5.9　混凝土缺陷智能化快速定量识别与评价系统的总架构

5.5.2 系统的性能指标及评价方法

本研究中应用了常用的 5 折交叉验证方法来评价该模型系统的实际分类识别性能，系统的分类结果将被总结在一个混淆矩阵中，其对角线上的元素代表对每种类别的分类准确度，偏离对角线的元素代表分类错误。

5.6　测试结果及分析

表 5.3 和表 5.4 汇总了在试验现场采集的冲击回波测试信号的数量。其中，类型 1、类型 2 和类型 3 缺陷分别代表空洞、充水空洞和非密实体缺陷。共采集 858 个冲击回波信号数据，被用作分类识别系统的训练和验证样本。

表 5.3　正常样本数

试件厚度（cm）	采样点数（个）
40	26
50	26
60	26
70	26

表 5.4　缺陷样本数

类型	缺陷大小（cm）	缺陷埋深（cm）	缺陷样本数（个）
类型 1	10	10	52
		20	52
		40	52
		40	52
	20	10	26
		20	26
		40	26
		40	52
类型 2	10	10	26
		20	26
		40	26
		40	26
	20	10	26
		20	26
		40	26
		40	26
类型 3	10	10	26
		20	26
		40	26
		40	26
	20	10	26
		20	26
		40	26
		40	26

5.6.1 缺陷检查

缺陷检查时表 5.3 和表 5.4 中所有的正常样本和缺陷样本被分别标记为“正常类”和“缺陷类”。然后，这样的标记数据被用于训练和验证缺陷检查二元分类模型系统。表 5.5 表示基于 5 折交叉验证的缺陷检查二分类模型的混淆矩阵。从中可以看出，缺陷检查模型的真阳性率（TPR）或敏感度为 100%，假阳性率（FPR）或错检率为 0.87%，这表明该模型具有非常良好的分类性能。

表 5.5　缺陷检查的混淆矩阵

缺陷检查		预测结果（%）	
		正常	缺陷
实际值	正常	99.13	0.87
	缺陷	0	100

5.6.2 缺陷诊断

在进行缺陷诊断时我们结合应用上述三种缺陷类型的所有测试样本，从而形成一个三分类问题，并由此建立三分类模型来诊断缺陷的不同类型。这三种缺陷类型的样本数分别为 338、208 和 208。缺陷诊断三分类模型的混淆矩阵如表 5.6 所示，缺陷诊断模型总体上可以很好地诊断出三类不同的缺陷（分类准确率可达 99%）。从表中可以判断，非密实缺陷（类型 3）明显不同于其他两类缺陷，而空洞（类型 1）和充满水空洞（类型 2）会有一定的重叠（不可分）。模型系统的分类结果与三种不同缺陷的实际差异性是一致的。

表 5.6　缺陷诊断的混淆矩阵

缺陷类型诊断		预测缺陷类型		
		类型 1	类型 2	类型 3
实际缺陷类型	类型 1	98.31	1.41	0.28
	类型 2	2.12	97.71	0.17
	类型 3	0.16	0.64	99.20

5.6.3 缺陷定量

缺陷定量是分别确定三个不同类型缺陷的大小尺寸。由于我们对各类缺陷只采集了两种不同尺寸的信号，即 10 cm 和 20 cm，这样可以将缺陷定量作为一个二元分类问题，也就是决定一个缺陷是 10 cm（代表小缺陷）或 20 cm（代表大缺陷）。将来会采集更多不同缺陷尺寸的测试信号，不断丰富模型试验数据，以扩展我们的分类系统使其覆盖更多的缺陷尺寸。表 5.7 ~ 表 5.9 分别是系统识别类型 1、2 和 3 缺陷尺寸的混淆矩阵。从三个表中我们可以看出，该系统可以很好地区分小的（10 cm）和大的（20 cm）缺陷，尤其是对类型 2（充满水的空洞）和类型 3（非密实体）缺陷的定量结果较好。

由于混凝土的波阻抗要远高于水和空气，理论上，冲水空洞和空洞缺陷的冲击回波响应应该基本相同，非密实体的响应较之会稍差。测试结果却显示出空洞缺陷的响应稍差，这是由于测试时存在人为及环境等干扰因素，这些因素掩盖了它们之间的细微差异性和规律性。由此可见，测试时，缺陷的干湿状态不会对测试结果产生大的影响。

表 5.7 类型 1 缺陷（空洞）定量的混淆矩阵

空洞定量		预测缺陷大小	
		10 cm	20 cm
实际缺陷大小	10 cm	99.02	0.98
	20 cm	0.52	99.48

表 5.8 类型 2 缺陷（冲水空洞）定量的混淆矩阵

冲水空洞定量		预测缺陷大小	
		10 cm	20 cm
实际缺陷大小	10 cm	100	0
	20 cm	0	100

表 5.9 类型 3 缺陷（非密实体）定量的混淆矩阵

非密实体定量		预测缺陷大小	
		10 cm	20 cm
实际缺陷大小	10 cm	100	0
	20 cm	0	100

5.6.4 缺陷定位

缺陷定位是对以上确定的 3 种类型及 2 种尺寸的缺陷的位置进行预测评估的过程，即共有 6 个不同的缺陷位置评估模型。缺陷位置评估可作为一个四分类问题，这四类代表 4 个不同的深度，即在 10 cm、20 cm、30 cm 和 40 cm 处出现缺陷。表 5.10 ~ 表 5.12 总结了表现在混淆矩阵里的 6 个缺陷位置评估模型的分类性能。从这些表中可以看到，除了类型 1 的小缺陷 [表 5.9（a）] 以外，该模型可以很好地判定缺陷位置，总的来说，其对大缺陷比对小缺陷的评估结果好，这与我们的直觉是一致的。

表 5.10　类型 1 缺陷（空洞）位置预测混淆矩阵

10 cm 空洞定位		预测缺陷位置			
		10 cm	20 cm	30 cm	40 cm
实际缺陷位置	10 cm	87.25	5.88	1.96	4.90
	20 cm	4.29	88.10	2.86	4.76
	30 cm	0.00	0.52	88.54	10.94
	40 cm	7.41	0.93	10.19	81.48
20 cm 空洞定位		预测缺陷位置			
		10 cm	20 cm	30 cm	40 cm
实际缺陷位置	10 cm	98.67	0.00	0.00	1.33
	20 cm	0.00	100.00	0.00	0.00
	30 cm	0.00	0.00	98.00	2.00
	40 cm	0.64	0.00	0.96	98.40

表 5.11　类型 2 缺陷（冲水空洞）位置预测混淆矩阵

10 cm 冲水空洞定位		预测缺陷位置			
		10 cm	20 cm	30 cm	40 cm
实际缺陷位置	10 cm	97.92	1.39	0.00	0.69
	20 cm	0.64	98.08	0.00	1.28
	30 cm	0.00	0.00	99.36	0.64
	40 cm	0.64	2.56	0.64	96.15
20 cm 冲水空洞定位		预测缺陷位置			
		10 cm	20 cm	30 cm	40 cm
实际缺陷位置	10 cm	100.00	0.00	0.00	0.00
	20 cm	0.00	100.0	0.00	0.00
	30 cm	0.00	0.00	100.0	0.00
	40 cm	0.00	0.00	0.00	100.0

表 5.12　类型 3 缺陷（非密实体）位置预测混淆矩阵

10 cm 非密实体定位		预测缺陷位置			
		10 cm	20 cm	30 cm	40 cm
实际缺陷位置	10 cm	96.79	1.92	1.28	0.00
	20 cm	1.28	98.72	0.00	0.00
	30 cm	0.00	0.00	96.15	3.85
	40 cm	0.00	0.00	5.13	94.87
20 cm 非密实体定位		预测缺陷位置			
		10 cm	20 cm	30 cm	40 cm
实际缺陷位置	10 cm	97.44	0.00	2.56	0.00
	20 cm	1.28	98.72	0.00	0.00
	30 cm	0.00	0.00	98.72	1.28
	40 cm	0.00	0.00	0.00	100.0

5.7　本章小结

混凝土缺陷无损检测一直是建设工程质量控制中的一个重要环节。为了准确评估和控制混凝土结构的质量，近年来许多无损检测方法被开发和应用。然而，由于测试信号的复杂性及信号处理的挑战性，目前混凝土缺陷无损检测总体上还处在定性阶段，且效率与精度均不够理想。本书基于先进的信号处理技术和人工智能技术，在深入开展混凝土缺陷冲击回波法检测的模型试验研究的基础上，借助 MATLAB 程序平台，研究开发了基于小波和极限学习机的混凝土缺陷智能化快速定量识别与评价系统。该系统主要包括特征提取、缺陷检查、缺陷诊断及缺陷的定量和定位这几个分析组件。试验结果表明，该系统具有较好的分类识别性能，对所研究的三种不同类型的缺陷进行定性分析与定量识别评估均取得了令人较为满意的结果。

由于制作的模型试件的数量有限，所构造的缺陷的类型、大小及位置还不够丰富，目前该系统仍处于有待进一步试验验证及性能提升的过程中。在后续的模型试验中将结合数值模拟及实际工程应用，不断地积累和丰富测试样本数据，进一步扩展该系统的适用性，以提高该系统的分类识别性能，使其在混凝土缺陷无损检测应用中更加高效、准确。

第6章　总结与展望

6.1　总　结

建设工程中混凝土是使用最为普遍的结构材料之一，其内部若存在缺陷往往会严重影响结构的承载力和耐久性。如何探测混凝土结构内部缺陷，并对缺陷的类型、性质及范围给予正确的识别和评价，是当前工程界和学术界共同探索与研究的前沿课题。因此，为了能够准确、客观、全面和快捷地对混凝土实体质量进行诊断及评估，就需要相关研究人员深入开展混凝土缺陷无损检测与快速评价技术研究。混凝土缺陷检测与识别主要依赖于对测试信号的有效处理，目前，由于信号处理技术的不足，混凝土缺陷无损检测总体上处在定性阶段，且检测效率与精度均不够理想。近年来，数据信息处理技术和人工智能技术的不断发展，为该问题的解决提供了有效途径。

本书针对当前混凝土缺陷无损检测的发展现状及存在的急需解决的关键问题，在理论分析、数值模拟和模型试验的基础上，深入研究混凝土结构中弹性应力波的传播规律、影响因素以及回波信号特征参数与缺陷性质之间复杂的非线性映射关系，应用先进的信号处理和人工智能技术，充分挖掘测试信号特征信息，由此建立了基于小波分析和极限学习机的混凝土缺陷智能化快速定量识别与评价系统。该系统包括信号特征提取、缺陷检查、缺陷诊断以及缺陷定量和定位这几个分析组件，具有较好的分类识别性能，初步实现了对混凝土缺陷类型、性质和范围的智能化快速定量识别与评价，进一步提升了混凝土缺陷无损检测技术创新与应用水平。

本书研究内容源于当前我国建设工程中的实际问题，也是十分迫切需要解决的关键技术问题，整个研究过程紧密结合实际工程需求，是对推动混凝土缺陷无损检测技术的发展具有一定学术价值的应用基础研究。主要研究成果总结如下。

①混凝土龄期和强度对应力波的波速会有影响，但对于晚龄期混凝土，其强度和龄期对 P 波波速的影响较小，此外在钢筋公称直径小于 25 mm 且配置不密集的情况下，混凝土的内部配筋对冲击回波测试结果基本无影响。

②空洞缺陷的内壁光滑或是粗糙对测试结果的影响不明显，缺陷的大小和深度才是影响检测结果的主要因素，因此在混凝土缺陷检测的模型试验中，将人工构造的光滑内壁空洞视为实际工程中的空洞缺陷进行分析是可行的。

③采用冲击回波法测试混凝土构件内部缺陷时，为避免试件边界对测试的影响，测点距构件边界的距离应大于构件厚度的 0.3 倍。

④冲击回波法一般在 10 ~ 100 cm 厚度范围内能较好地工作，特别适用于板厚为 10 ~ 60 cm 的薄板测厚，而对于厚度尺寸超过 100 cm 的构件，则适用性较差。

⑤若混凝土内部存在缺陷，则应力波因要绕过缺陷而使传播路径增大，相应的结构厚度频率会表现出向低频区域漂移的情况，且缺陷尺寸越大漂移越明显，这可作为判断混凝土内部存在缺陷的主要依据。

⑥采用冲击回波法测试混凝土内部缺陷时，该方法对横向尺寸与深度的比值小于 1/4 的深层缺陷以及对深度小于 10 cm 的浅层缺陷的识别结果均较差，即冲击回波法对浅表层缺陷和深层小缺陷的测试结果不理想；对于浅层缺陷，可选用超声脉冲回波法检测。

⑦有限元数值模拟可以清晰地展现应力波在混凝土介质中的动态传播过程及动力学特征，尽管模拟结果与实测结果尚存在一定差异，但是从定性分析的角度看，二者表现出来的变化规律是一致的。

⑧建立的基于小波分析和极限学习机的混凝土缺陷智能化快速定量识别与评价系统具有较好的分类识别性能，应用其对所研究的三种不同类型缺陷进行定量识别与评价均得到了较好的结果。由于模型试件的数量有限，测试样本还不够丰富，在后续的工作中该系统将与实际工程结合应用，以不断地积累和丰富测试样本数据，从而进一步提高该系统的适用性。

由于时间和经费有限，本书此次开展的试验研究工作主要针对 90 d 龄期内的设计强度等级为 C20 ~ C40、骨料粒径为 40 mm 以下的碎石普通混凝土，对于卵石集料混凝土、大粒径碎石集料混凝土、高强混凝土以及长龄期混凝土等的冲击回波检测试验研究尚待进一步开展。

6.2 展　望

混凝土缺陷无损检测技术是多学科紧密结合的高技术产物。现代材料科学、应用物理学及固体力学的发展为其奠定了理论基础，现代电子技术、计算机技术、数据挖掘及信息融合技术的发展为其提供了有力的测试与分析手段。同时，当前建设工程中迅速发展的新设计、新材料、新工艺也给混凝土缺陷无损检测研究提出了新的课题。近年来，随着工程建设质量管理的不断加强，混凝土缺陷无损检测技术的作用日益凸显，同时也极大地促进了该项技术的迅猛发展。尽管目前依然存在不少问题，尤其是人们在混凝土缺陷的定性分析与定量识别的研究上还有明显的不足，但混凝土缺陷无损检测技术已跨入了一个崭新的发展阶段，其发展趋势可概括为如下几方面。

1. 基础理论研究与工程实践紧密结合

目前，混凝土缺陷无损检测基础理论方面的研究主要集中在以下两个方面。

一是混凝土介质中波的传播机理。近年来人们对波在混凝土中传播特性的研究越来越深入。例如，关于应力波场界面反射及界面能量交换方面的研究，关于混凝土的滤波作用及相频、幅频变化的研究，关于混凝土声发射源及发射波在混凝土中传播规律的研究，关于雷达波及微波、红外光与混凝土性能关系的研究等。这些基础理论研究都与工程实践紧密结合，对混凝土缺陷无损检测技术的发展起到了极大的推动作用。

二是混凝土性能特征与测试物理参量之间的相关关系。混凝土缺陷无损检测是建立在混凝土的某些性能特征与测试物理参量之间相关关系的基础上的。在混凝土结构检测过程中，尤其在结构体积较大、使用条件较严酷的水工混凝土的检测中，由于受到试验条件及材料性能等众多因素的影响，这种相关关系将表现出较为复杂的非线性特性，往往是一种复杂的非线性映射关系。而目前普遍采用的统计回归方法，是用一个确定的表达式来描述这种复杂的非线性关系，显然该方法很难得到较好的逼近精度，因此质量评定结果的准确性难以保证。近年来，为进一步提高混凝土缺陷无损检测及评定的精度和可靠性，对小波分析、人工智能等先进数据融合技术方面的基础理论与应用研究成为当前研究的前沿课题。混凝土缺陷无损检测技术是一门多学科综合的应用技术。基础科学理论与工程实践紧密结合是不断完善现有方法和开辟新方法的有效途径，只有相关基础科学快速发展才能为混凝土性能特征与测试物理参量之间关系研究以及波在混凝土介质中传播机理研究奠定基础。

2. 由利用局部参量发展到利用全局信息的模式识别

混凝土缺陷无损检测与识别主要依赖对测试信号的有效处理和利用。目前在混凝土缺陷无损检测中通常利用的缺陷特征物理参量，如超声波法中的声时、波幅、频率等信息，只是检测信息中的一部分。为了提高混凝土缺陷检测的可靠性，必须尽可能多地获取和利用检测信号中所带有的各种信息。目前对检测信息常用的处理方法是快速傅里叶变换。由于傅里叶分析使用的是一种全局的变换，不具有时频局部化的能力，无法表述信号的时域和频域的局域性质，使得它所能利用的特征信息很有限，因此目前缺陷判别的准确性和可靠性难以保证，对于混凝土缺陷的检测仍处在定性阶段。近年来，对于检测信息处理技术方面的研究日益受到人们的重视。在当前条件下如何更好地对采集到的非平稳测试信号进行有效分析和利用，以充分获得所需的混凝土结构缺陷的特征参量，是混凝土缺陷检测成功与否的关键。欲使检测信号所携带的混凝土缺陷信息得以充分展现，小波分析、希尔伯特－黄变换等先进的信号处理技术是有效的手段。因此，选择应用适当的小波函数，通过应用小波（包）分析等先进的数据信息处理技术，有效而全面地提取缺陷信号在多尺度分辨空间中的波形特征值是当前的一个研究热点。

3. 由大致定性识别发展到定量与快速识别

由于混凝土结构缺陷的复杂性及测试分析方法本身的局限性，现有的无损检测方法仍处于定性或半定量水平，对测试点处缺陷的有无具有一定精度，而对缺陷的大小、形状以及性质难以给出定量的结果，从而给最终准确评价混凝土结构的质量性能及可靠性带来困难，因此混凝土缺陷无损检测目前面临的另一个重要课题就是实现检测评价结果的全面量化，即不仅要确定是否有缺陷，而且要进一步确定缺陷的大小、形状、分布及性质等。因此，通过研究应用诸如小波分析、人工智能等先进的数据融合技术，在深入挖掘缺陷特征信息、有效地提取缺陷特征值的基础上，实现对混凝土缺陷的定量分析，成为当前混凝土缺陷无损检测与识别技术研究的重要方向。此外，由于水利工程质量的检测与评价工作经常是在汛期工程遇到险情时开展，此时工程实体可能存在着危及工程安全的问题，为确保工程安全，要求检测成果提供的时间紧。除此以外，当前水工混凝土浇筑引进了新技术、新工艺以及新设备，这势必导致混凝土浇筑速度加快，此时施工过程中的质量检测的节奏必须跟上。这些特点均要求水工混凝土质量检测与评估工作必须准确、快速且尽量在不破坏工程实体的基础上开展。因此，针对混凝土缺陷检测与评价工作的复杂性和时效性，应用先进的人工智能技术，建立混凝土缺陷智能化快速定量识别与评价系统模型，实现对混凝土质量缺陷的快速定量识别与评价，已经成为当前研究的重要课题。

参考文献

［1］乔生祥．水工混凝土缺陷检测和处理［M］．北京：中国水利水电出版社，1997.

［2］崔德密．超声回弹综合法检测混凝土抗压强度的不确定度分析［J］．混凝土与水泥制品，2012（12）：24-26.

［3］王继成，许锡宾，赵明阶．水工砼结构损伤诊断技术研究综述［J］．重庆交通学院学报，2004，23（4）：19-29.

［4］邱平．新编混凝土无损检测技术［M］．北京：中国环境科学出版社，2002.

［5］曹茂森．基于动力指纹小波分析的结构损伤特征提取与辨识基本问题研究［D］．南京：河海大学，2005.

［6］SUN Z，CHANG C．Structural damage assessment based on wavelet packet transform［J］．Journal of Structural Engineering，2002，128（10）：1354-1361.

［7］董小刚，秦喜文．信号消噪的小波处理方法及其应用［J］．吉林师范大学学报（自然科学版），2003（2）：14-17.

［8］虞和济，陈长征，张省，等．基于神经网络的智能诊断［M］．北京：冶金工业出版社，2000.

［9］新编混凝土无损检测技术编写组．新编混凝土无损检测技术［M］．北京：中国环境科学出版社，2002.

［10］王婷．数据融合技术在混凝土结构检测中的应用研究［D］．上海：同济大学，2006.

［11］窦继民．大体积混凝土结构裂缝检测与分析［D］．南京：河海大学，2005.

［12］MORI K，SPAGNOLI A．A new non-contacting non-destructive testing method for defect detection in concrete［J］．NDT&E lnternational，2002（35）：179–203.

［13］回弹法检测混凝土抗压强度技术规程：JGJ/T 23—2011［S］．北京：中国建筑工业出版社，2011.

［14］钻芯法检测混凝土强度技术规程：CECS 03：2007［S］．北京：中国计划出版社，2008.

［15］超声法检测混凝土缺陷技术规程：CECS 21：2000［S］．北京：中国工程建设标准化协会，2001.

［16］超声回弹综合法检测混凝土抗压强度技术规程：T/CECS 02—2020［S］．北京：中国计划出版社，2020.

［17］黄建新．冲击回波法在混凝土结构无损检测中的应用［D］．南京：河海大学，2006.

［18］JAEGER B，SANSALONE M，POSTON R．Detecting Voids in the Grouted Tendon Ducts of Post-Tensioned Strcutures Using the Impact-Echo Method［J］．ACI Materials Journal，1996，89（7–8）：462–473.

［19］LIN Y，SU W C．The use of stress waves for determining the depth of surface-opening cracks in concrete structures［J］．Materials Journal of the American Concrete Institute，1996，93：494–505.

［20］ASTM Standard C 1383-98a．Standard Test Method for Measuring the P-Wave Speed and the Thickness of Concrete Plates Using the Impact-Echo Method［A］．Philadelphia：American society for testing and materials，1995.

［21］SANSALONE，LIN J M，STREETT W B．Determining the depth of surface-opening cracks using impact generated stress waves and time-of-flight techniques［J］. Materials Journal of the American Concrete Institute，1997，95（2）：12–18.

［22］HSIAO C M，LIN Y C，CHANG C F．Nondestructive evaluation of concrete quality and integrity in composite columns［J］．NDT&E International，1999（32）：75–382.

［23］KUMAR A，THAVASIMUTHU M，JAYAKUMAR T．Structural integrity assessment of ring beam impact-echo technique［A］．In：15th World Conference on Non-Destructive Testing，Rome，2000.

［24］ABRAHAN O，PHILLIPPE C．Impact-Echo Thickness Frequency

Profiles for Detection of Voids in Tendon Ducts［J］. ACI Journal of Structural Engineering，2002，99（3）：239-247.

［25］OHTSU M，WATANABE T. Stack imaging of spectral amplitudes based on impact-echo［J］. NDT&E International，2002，35：189-196.

［26］MUSZYNSKI L C，CHINI A R，ANDARY E G. Nondestructive Testing Methods To Detect Voids in Bonded Post-Tensioned Ducts［R］. USA：Florida Department of Transportation，2003.

［27］WATANABE T，MORITA T. Detecting voids in reinforced concrete slab by SIBIE［J］. Construction and Building Materials，2004（18）：225-231.

［28］MULDOON R，CHALKER A，FORDE M C，et al. Identifying voids in plastic ducts in post-tensioning prestressed concrete members by resonant frequency of impact-echo，SIBIE and tomography［J］. Construction&Building Materials，2007，21（3）：527-537.

［29］HERLEIN B H. Stress wave testing of concrete：A 25-year review and a peels into the future［J］. Construction and Building Materials，2013（38）：7240-7245.

［30］罗骐先，傅翔，宋人心. 冲击反射法检测混凝土内部缺陷与厚度［J］. 混凝土，1991（5）：21-24.

［31］顾轶东，林维正，苏勇. 冲击－回波法检测混凝土缺陷与厚度［J］. 建筑材料学报，1999（2）：163-166.

［32］LIN Y，KUO S F，CHANG C. Use of stress waves for measuring surface-opening crack in mass concrete［A］. Rome：15th World Conference on Non-Destructive Testin，2000.

［33］肖国强，陈华，王法刚. 用冲击回波法检测混凝土质量的结构模型试验［J］. 岩石力学与工程学报，2001（增刊1）：1790-1792.

［34］赵国文，向阳，彭勇. 基于冲击回波法的混凝土板块开口裂纹的研究［J］. 无损检测，2002（11）：469-472.

［35］傅翔，宋人心，王五平，等. 冲击回波法检测预应力预留孔灌浆质量［J］. 施工技术，2003（11）：37-38.

［36］宁建国，黄新，曲华，等. 冲击回波法检测混凝土结构［J］. 中国矿业大学学报，2004（6）：703-707.

［37］熊永红，陈义群，余才盛，等. 脉冲回波法在三峡工程混凝土检测中的应用［J］. 工程地球物理学报，2005（2）：97-100.

［38］梁明进．钢筋混凝土结构裂缝深度无损检测技术的现状及发展［J］．四川理工学院学报（自然科学版），2012，25（4）：6-9.

［39］聂文龙．iTECS 检测混凝土结构内部缺陷的研究［D］．北京：北京交通大学，2012.

［40］王婷，赵鸣，李杰．识别混凝土板内部缺陷的人工神经网络算法［J］．同济大学学报（自然科学版），2007（3）：304-308.

［41］王礼立．应力波基础［M］．2 版．北京：国防工业出版社，2005.

［42］SCHUBERT F，KOHLER B．Ten Lectures on Impact-Echo［R］．Nondestructive Evaluation，2008.

［43］LIN J M，SANSALONE M．The Impact-Echo Response of Hollow Cy-lindrical Concrete Structures Surrounded by Soil or Rock，Part 2-Experimental Studies［J］．American Society of Testing and Materials-Journal of Geotechnical Testing，1994，17（2）：220-226.

［44］黄建新．冲击回波法在混凝土结构无损检测中的应用［D］．南京：河海大学，2006.

［45］顾轶东，林维正，苏航．冲击回波法在混凝土无损检测中的应用［J］．无损检测，2004（9）：468-472.

［46］SANSALONE M J，STREETT W B．The Impact-Echo Method［M］．New York：Bullbrier Press，1997.

［47］LIN Y，SANSALONE M，CARINO N J．Finite Element Studies of the Impact-Echo Response of Plates Containing Thin Layers and Voids［J］．Journal of Nondestructive Evaluation，1990，9（1）：27-47.

［48］王智丰．预应力管道压浆质量评估试验及应用研究［D］．长沙：中南林业科技大学，2009.

［49］王小虎．ADINA 有限元建模中特征建模技术应用分析［J］．四川地质学报，2011，31（4）：438-441.

［50］BATHE K J．Finite Element Procedures［M］．London：Prentice Hall，1996.

［51］马野，袁志丹，曹金凤．ADINA 有限元经典实例分析［M］．北京：机械工业出版社，2011.

［52］崔春义，孟坤，许成顺．ADINA 在土木工程中的应用［M］．北京：中国建筑工业出版社，2015.

［53］MOSER F，JACOBS L J，QU J．Modeling Elastic Wave Propagation in Wave guides with the Finite Element Method［J］. NET&E International, 1999, 32（4）: 225-234.

［54］郭佳. 基于冲击回波法与支持向量机的预应力管道压浆质量评定［D］. 长沙：湖南大学，2014.

［55］YANG J F. Stress wave propagation in impacted concrete structure members［D］. China Taiwan: Chaoyang University of Technology, 2003.

［56］ATA N, MIHARA S, OHTSU M. Imaging of ungrouted tendon ducts in prestressed concrete by SIBIE［J］. NDT & E International, 2007, 40（3）: 259-268.

［57］廖振鹏. 工程波动理论导论［M］. 2 版. 北京：科学出版社，2002.

［58］刘晶波，杜修力. 结构动力学［M］. 北京：机械工业出版社，2004.

［59］HSIAO C, CHENG C C, LIOU T. Detecting flaws in concrete blocks using the impactecho method［J］. NDT & E International, 2008, 41（2）: 98-107.

［60］BOGGESS A, NARCOWICH F. 小波与傅里叶分析基础［M］. 芮国胜，康健，译. 2 版. 北京：电子工业出版社，2010.

［61］徐长发，李国宽. 实用小波方法［M］. 武汉：华中科技大学出版社，2001.

［62］王兵. 基于小波分析的提取信号瞬时特征的研究［D］. 武汉：武汉大学，2003.

［63］薛刚，蔡美峰. 小波分析在钢筋混凝土梁损伤识别中的应用［J］. 北京科技大学学报，2007（12）: 1191-1194.

［64］KIM H, MELHEM H. Fourier and wavelet analyses for fatigue assessment of concrete beams［J］. Society for Experimental Mechanics, 2003, 43（2）: 131-140.

［65］郑治真，沈萍，杨选辉，等. 小波变换及其 MATLAB 工具的应用［M］. 北京：地震出版社，2001.

［66］徐佩霞，孙功宪. 小波分析与应用实例［M］. 合肥：中国科学技术大学出版社，1996.

［67］李宏男，孙鸿敏. 小波分析在土木工程领域中的应用［J］. 世界地震工程，2003（2）: 16-22.

[68] 葛哲学，沙威. 小波分析理论与MATLAB R 2007实现[M]. 北京：电子工业出版社，2007.

[69] 程正兴. 小波分析算法与应用[M]. 西安：西安交通大学出版社，1998.

[70] AKANSU A，HADDAD R A. Multiresolution Signal Decomposition: Transforms Subbands，and Wavelets [M]. San Diego：Elsevier，2001.

[71] QIANG W，MEQALOOIKONOMOU V，FALOUTSOS C. Time Series Analysis With Multiple Resolutions[J]. Information Systems, 2010, 35(1): 56-74.

[72] MALLAT S. A theory for multiresolution signal decomposition：the wavelet representation [J]. IEEE Trans on Pattern Analysis and machine Intell，1989，11 (7)：674-693.

[73] DAUBECHIES I. Orthonormal bases of compactly supported wavelets [J]. Comm in pure and applied math，1990，41 (7)：909-1005.

[74] COIFMAN R R，MEYER Y，WICKERHAUSER M V. Wavelet analysis and signal processing [M]. Boston：Wavelets and their application，1992.

[75] 谭善文，秦树人，汤宝平. 小波基时频特性及其在分析突变信号中的应用[J]. 重庆大学学报（自然科学版），2001 (2)：12-17.

[76] 高建波，杨恒，胡鑫尧，等. 基于最大熵原理的小波去噪方法[J]. 光谱学与光谱分析，2001 (5)：620-622.

[77] MALLAT S A. Theory for Multiresolution Signal Decomposition: The Wavelet Representation [J]. IEEE Transactions on Pattern Analysis Machine Intelligence，1989 (31)：674-693.

[78] 薛刚，蔡美峰. 小波分析在钢筋混凝土梁损伤识别中的应用[J]. 北京科技大学学报，2007 (12)：1191-1194.

[79] 向阳，彭勇，史可智. 基于小波变换的混凝土缺陷特征抽取研究[J]. 武汉理工大学学报（交通科学与工程版），2002 (2)：147-150.

[80] HUANG G B，ZHU Q Y，SIEW C K. Extreme learning machine: Theory and applications [J]. Neurocomputing，2006，70 (12)：489-501.

[81] 刘学艺. 极限学习机算法及其在高炉冶炼过程建模中的应用研究[D]. 杭州：浙江大学，2013.

[82] HUANG G B，ZHOU H M，DING X J，et al. Extreme learning

machine for regression and multiclass classification [J] . IEEE Transactions on Systems, Man, and Cybernetics-Part B: Cybernetics, 2012, 42 (4): 513-529.

[83] AKSHAY U, SHAMEL S, SUNIL S. Prediction of Melting Points of Organic Compounds Using Extreme Learning Machines [J] . Industrial and Engineering Chemistry Research, 2008, 47 (3): 920-925.